11-061职业技能鉴定指导书

职业标准·试题库

用电监察（检查）员

（第二版）

电力行业职业技能鉴定指导中心　编

电力工程　营业用电专业

中国电力出版社

CHINA ELECTRIC POWER PRESS

内 容 提 要

本《指导书》是按照劳动和社会保障部制定国家职业标准的要求编写的，其内容主要由职业概况、职业技能培训、职业技能鉴定和鉴定试题库四部分组成，分别对技术等级、工作环境和职业能力特征进行了定性描述；对培训期限、教师、场地设备及培训计划大纲进行了指导性规定。本《指导书》自 1999 年出版后，对行业内职业技能培训和鉴定工作起到了积极的作用，本书在原《指导书》的基础上进行了修编，补充了内容，修正了错误。

试题库是根据《中华人民共和国国家职业标准》和针对本职业（工种）的工作特点，选编了具有典型性、代表性的理论知识（含技能笔试）试题和技能操作试题，还编制有试卷样例和组卷方案。

《指导书》是职业技能培训和技能鉴定考核命题的依据，可供劳动人事管理人员、职业技能培训及考评人员使用，亦可供电力（水电）类职业技术学校和企业职工学习参考。

图书在版编目（CIP）数据

用电监察（检查）员/电力行业职业技能鉴定指导中心编．—2 版．—北京：中国电力出版社，2009（2021.7 重印）
（职业技能鉴定指导书．（11-061）职业标准试题库）
ISBN 978-7-5083-8242-5

Ⅰ.用… Ⅱ.电… Ⅲ.用电管理-职业技能鉴定-习题
Ⅳ.TM92-44

中国版本图书馆 CIP 数据核字（2008）第 204716 号

中国电力出版社出版、发行
（北京市东城区北京站西街 19 号 100005 http://www.cepp.sgcc.com.cn）
北京雁林吉兆印刷有限公司印刷
各地新华书店经售

*

2002 年 9 月第一版
2009 年 5 月第二版   2021 年 7 月北京第二十三次印刷
850 毫米×1168 毫米 32 开本 9.5 印张 243 千字
印数 129501—130000 册   定价 **30.00** 元

电力职业技能鉴定题库建设工作委员会

第一版编审人员

编写人员：陶菊勤　宋全清　张　芹

　　　　　谢军波　张　苏　段　峰

审定人员：王金有　李向红

第二版编审人员

编写人员（修订人员）：

　　　　　李铃海　徐金亮　王伟红

审定人员：赵玘生　于红霞　夏　辉

说　明

为适应开展电力职业技能培训和实施技能鉴定工作的需要，按照劳动和社会保障部关于制定国家职业标准，加强职业培训教材建设和技能鉴定试题库建设的要求，电力行业职业技能鉴定指导中心统一组织编写了电力职业技能鉴定指导书（以下简称《指导书》）。

《指导书》以电力行业特有工种目录各自成册，于 1999 年陆续出版发行。

《指导书》的出版是一项系统工程，对行业内开展技能培训和鉴定工作起到了积极作用。由于当时历史条件和编写力量所限，《指导书》中的内容已不能适应目前培训和鉴定工作的新要求，因此，电力行业职业技能鉴定指导中心决定对《指导书》进行全面修编，在各网省电力（电网）公司、发电集团和水电工程单位的大力支持下，补充内容，修正错误，使之体现时代特色和要求。

《指导书》主要由职业概况、职业技能培训、职业技能鉴定和鉴定试题库四部分内容组成。其中，职业概况包括职业名称、职业定义、职业道德、文化程度、职业等级、职业环境条件、职业能力特征等内容；职业技能培训包括对不同等级的培训期限要求，对培训指导教师的经历、任职条件、资格要求，对培训场地设备条件的要求和培训计划大纲、培训重点、难点以及对学习单元的设计等；职业技能鉴定的依据是《中华人民共和国国家职业标准》，其具体内容不再在本书中重复；鉴定试题库是根据《中华人民共和国国家职业标准》所规定的范围和内容，以实际技能操作为主线，按照选择题、判断题、简答题、计算题、绘图题和论述题六种题型进行选题，并以难易程度组合排列，同时汇集了大量电力生产建设过程中具有普遍代表性和典型性的实际操作试题，构成了各工种的技能鉴定试题库。试题库的深度、广度涵盖了本职业技能鉴定的全部内容。题库之后还附有试卷样例和组卷方案，为实施鉴定命题提供依据。

《指导书》力图实现以下几项功能：劳动人事管理人员可根据《指导书》进行职业介绍，就业咨询服务；培训教学人员可按照《指导书》中的培训大纲组织教学；学员和职工可根据《指导书》要求，制定自学计划，确立发展目标，走自学成才之路。《指导书》对加强职工队伍培养，提高队伍素质，保证职业技能鉴定质量将起到重要作用。

本次修编的《指导书》仍会有不足之处，敬请各使用单位和有关人员及时提出宝贵意见。

电力行业职业技能鉴定指导中心

2008 年 6 月

目 录

1 ▼ 职业概况

1.1 职业名称

用电监察（检查）员（11—061）。

1.2 职业定义

为了维护正常的供用电秩序、维护社会的公共安全而对用户的用电行为及与用电安全密切相关的行为实施检查的工作人员。

1.3 职业道德

爱岗敬业，刻苦钻研技术，遵纪守法，爱护工具、设备，安全文明生产，团结协作，艰苦朴素，尊师爱徒，提高经济和社会效益，热忱为用电客户服务。

1.4 文化程度

中等职业技术学校毕业。

1.5 职业等级

本职业按照国家职业资格等级的规定，设为初级（国家五级）、中级（国家四级）、高级（国家三级）、技师（国家二级）、高级技师（国家一级）共五个等级。

1.6 职业环境条件

室内外作业。

1.7　职业能力特征

　　本职业应具有分析判断电气设备运行异常情况的能力，具有领会理解和应用技术文件的能力，能用精练语言进行联系、交流工作的能力，具有能准确而有目的地运用数字进行运算的能力和能凭思维想象几何形体，懂得三维物体的二维表现方法及识绘图的能力。

2 职业技能培训

2.1 培训期限

2.1.1 初级工：累计不少于 500 标准学时。

2.1.2 中级工：在取得初级职业资格的基础上累计不少于 400 标准学时。

2.1.3 高级工：在取得中级职业资格的基础上累计不少于 400 标准学时。

2.1.4 技师：在取得高级职业资格的基础上累计不少于 500 标准学时。

2.1.5 高级技师：在取得技师职业资格的基础上累计不少于 350 标准学时。

2.2 培训教师资格

2.2.1 具有中级以上专业技术职称的工程技术人员和技师可担任初、中级工的培训教师。

2.2.2 具有高级专业技术职称的工程技术人员和高级技师可担任高级工、技师和高级技师的培训教师。

2.3 培训场地设备

2.3.1 具备本职业（工种）基础知识培训的教室和教学设备。

2.3.2 具有基本技能训练的实习场所及实际操作训练设备。

2.3.3 具有模拟仿真机、模拟机。

2.3.4 用电检查常用设备。

2.4　培训项目

2.4.1　培训目的：通过培训达到《职业技能鉴定规范》对本职业的知识和技能要求。

2.4.2　培训方式：以自学和脱产相结合的方式，进行基础知识讲课和技能培训。

2.4.3　培训重点：

（1）电气设备规范及运行规程，包括变压器、配电装置、电动机、直流设备、电力系统运行规程。

（2）事故分析、判断和处理。

2.5　培训大纲

本职业技能培训大纲，以模块组合（MES）——模块（MU）——学习单元（LE）的结构模式进行编写。其学习目标及内容见表 1，职业技能模块及学习单元对照选择见表 2，学习单元名称见表 3。

表 1　　　　　培　训　大　纲

模块序号及名称	单元序号及名称	学习目标	学习内容	学习方式	参考学时
MU1 用电检查人员职业道德及行为规范	LE1 用电检查人员的职业道德及行为规范	通过本单元学习，了解用电检查人员的职业道德规范，并能自觉遵守本职业行为规范及规定	1. 热爱本职工作 2. 刻苦学习、钻研技术 3. 遵守岗位职责，安全文明生产	自学	3
MU2 微机的应用	LE2 微机的应用	通过本单元学习，掌握微机的基本操作技能，能进行文字及数据处理	1. 基本操作及技能 2. 微机管理	自学	6

模块序号及名称	单元序号及名称	学习目标	学习内容	学习方式	参考学时
MU3 安全规定及技术措施	LE3 安全规定	通过本单元学习，了解安全规定，做好安全工作	1.《电业安全工作规程》 2. 用电检查人员应具备的条件 3. 巡视电气设备应注意的事项 4. 保证安全的组织措施	讲课	6
	LE4 技术措施	通过本单元学习，了解安全工作的技术措施，做好安全工作	1. 停电 2. 验电 3. 装设接地线 4. 悬挂标示牌和装设遮栏	自学	6
MU4 法律、法规、规程、规范	LE5 法律、法规、规程、规范的相关知识	通过本单元学习，了解国家有关电力的法律、法规、标准的相关知识	1.《中华人民共和国电力法》 2.《电力供应与使用条例》 3.《用电检查管理办法》 4.《居民用户家用电器损坏处理办法》 5.《供电营业规则》 6.《电网调度管理条例》 7.《电力设施保护条例》 8.《供用电监督管理条例》 9.《用电检查技术标准汇编》 10.《经济合同法》、《能源法》、《计量法》、《民事诉讼法》、《刑法》、《仲裁法》、《民法通则》、《治安管理处罚条例》等法律、法规有关内容	自学	20
	LE6 有关法律、法规、规程的应用	通过本单元的学习，学会应用相关法律、法规、规程处理用户纠纷	1. 结合案例学习分析 2. 向用户宣传解释国家的有关法律、法规、方针、政策及用电知识	讲课	12

5

模块序号及名称	单元序号及名称	学习目标	学习内容	学习方式	参考学时
MU5 电路基础知识及常用用电设备	LE7 电路基础知识	通过本单元学习，了解电路基本原理及进行电路基本计算	1. 电路基本概念及理论 2. 交、直流电路的计算 3. 电子电路基本概念及放大电路静态工作点的计算	讲课	6
	LE8 用电设备的工作原理及特点	通过本单元学习，了解常用设备的工作原理，能掌握其用电性能及特点	1. 充电机、整流装置、空压机、制氧机、风机、水泵、射流真空泵、热处理炉、电炉、同步电机和异步电机等设备的工作原理 2. 电动机的启动、运行操作时应注意的问题 3. 电动机的变频调速及特点	自学	12
MU6 电力生产过程及电能质量	LE9 电力生产过程基本知识及对电能质量的要求	通过本单元学习，了解电力生产基本过程及其特性，掌握电力平衡的调节方法	1. 电力系统的构成及电力生产过程 2. 变电站的作用及变电设备 3. 电力生产、输送、销售、使用过程的基本知识 4. 用户用电负荷性质及低压配电网的构成 5. 对电能质量的要求 6. 电力系统有功和无功平衡的基本知识及调节 7. 电力系统频率特性、平衡及调整 8. 电力系统低频运行的危害及低频减载装置分级的原因 9. 产生谐波的设备及对电力系统的影响	讲课	12

模块序号及名称	单元序号及名称	学习目标	学习内容	学习方式	参考学时
MU7 高、低压设备装置检查及运行	**LE10** 设备技术规范	通过本单元学习，了解各种设备的规范，能发现用户电气设备设计和制造质量方面存在的问题	1. 高压断路器规范 2. 高压真空断路器规范 3. 隔离开关规范 4. 母线规范 5. 电压互感器规范 6. 避雷器规范 7. 电流互感器规范 8. 低压开关规范 9. 架空线路规范 10. 电缆线路规范 11. 电容器规范	自学	18
	LE11 高、低压配电装置正常运行检查及维护	通过本单元学习，了解配电装置检查及维护内容，能判断电气设备运行中的不安全苗头	1. 断路器的运行维护指导 2. 母线及隔离开关的运行维护指导 3. 电压互感器的运行维护指导 4. 避雷器的运行维护指导 5. 电流互感器的运行维护指导 6. 电缆的运行维护指导 7. 电力电容器的运行维护指导	讲课	12
	LE12 高、低压配电装置的操作及注意事项	通过本单元学习，了解高、低压配电装置的操作程序及方法，正确指导用户进行操作	1. 断路器的操作及注意事项 2. 隔离开关的操作及注意事项 3. 电压互感器的操作及注意事项 4. 电力电容器的操作及注意事项 5. 跌落式熔断器的操作及注意事项	讲课	12

7

模块序号及名称	单元序号及名称	学习目标	学习内容	学习方式	参考学时
MU7 高、低压设备装置检查及运行	LE13 高、低压配电装置的事故处理	通过本单元学习，能及时发现事故，分析和处理事故	1. 跌落式熔断器跌落后的处理 2. 断路器的事故处理 3. 母线和隔离开关的事故处理 4. 电压互感器的事故处理 5. 电流互感器的事故处理 6. 电缆的事故处理 7. 电容器的事故处理	讲课	12
MU8 运行方式及主接线	LE14 运行方式	通过本单元学习，了解各种运行方式	1. 用户自备输、变、配电设备和发电设备的运行方式 2. 电力系统中性点接地方式 3. 掌握用户正常及非正常情况下的运行方式 4. 电力系统限制短路电流的方法	讲课	6
	LE15 电气主接线	通过本单元学习，了解用户电气主接线的接线方式和要求	1. 用户工程设计电气主接线的基本要求 2. 负荷分级及供电要求 3. 用户配电室所用电源及操作电源的确定及选择 4. 对用户工程设计图审查修改	讲课	6
MU9 变压器的运行	LE16 电力变压器技术规范	通过本单元学习，了解设备技术规范，并能掌握相应技术数据	1. 油浸式变压器技术参数和要求 2. 干式电力变压器技术规范 3. 有载调压变压器技术规范 4. 电力变压器安装及验收规范 5. 电力变压器运行技术规范 6. 对电力变压器保护、测量装置的要求	讲课	12

模块序号及名称	单元序号及名称	学习目标	学习内容	学习方式	参考学时
MU9 变压器的运行	LE17 电力变压器运行及维护	通过本单元学习，了解变压器运行方式，掌握用户变压器运行状态	1. 用户变压器运行前的验收检查 2. 用户变压器运行中的巡视检查 3. 变压器冷却装置的运行规定	讲课	6
	LE18 电力变压器的操作	通过本单元学习，掌握变压器的操作及配备的保护，指导用户进行各种运行方式的操作	1. 变压器投入运行、退出运行的操作 2. 变压器的并列运行 3. 变压器应配备的保护及其投运规定 4. 变压器的经济运行	讲课	12
	LE19 电力变压器异常运行及事故处理	通过本单元学习，了解变压器异常情况、事故现象，能正确进行变压器各类事故的处理	1. 用户变压器异常运行的发现及处理 2. 用户变压器事故原因的分析及处理 3. 变压器保护动作后的检查、判断和处理	讲课	12
MU10 继电保护及自动装置的基础知识	LE20 继电保护及自动装置的基础知识	通过本单元学习，了解继电保护的基础知识	1. 继电保护装置的基本要求 2. 继电保护与自动装置运行管理规程 3. 配电装置常用保护形式及选择 4. 备用电源自投装置的基本要求 5. 保护用电流互感器的选择 6. 差动保护六角图的校验及投运 7. 配电保护动作及误动的原因、判断及处理 8. 线路保护动作的原因及判断 9. 继电保护原理及展开图	自学	12

模块序号 及 名 称	单元序号 及 名 称	学习目标	学习内容	学习方式	参考学时
MU11 高压试验的基础知识	**LE21** 高压试验的基础知识	通过本单元学习，了解电气设备高压试验的基础知识	1. 电气设备交接试验标准 2. 电力设备预防性试验规程 3. 根据现场试验数据，对高压设备绝缘进行分析、判断，并作出结论	讲课	12
MU12 过电压和接地保护的基础知识	**LE22** 过电压和接地保护的基础知识	通过本单元学习，了解过电压与接地保护的基础知识	1. 交流电压装置过电压保护及绝缘配合 2. 过电压的种类、原因及防护措施 3. 高压用户装置的防雷保护要求 4. 交流电气接地装置及接地电阻值的要求	自学	6
MU13 安全用电	**LE23** 安全用电	通过本单元学习之后，了解安全用电的要求，指导用户安全用电工作	1. 用户倒闸操作的要求，指导安全措施的布置 2. 对用户定期安全检查，写出检查报告 3. 参与事故调查并写出检查报告 4. 指导用户消防和触电急救 5. 指导用户配电室安全规章制度的订立 6. 指导用户安全检查和检修设备 7. 指导用户消防设备的配置 8. 误操作的防范措施	自学	12

模块序号及名称	单元序号及名称	学习目标	学习内容	学习方式	参考学时
MU14 用电管理	LE24 用电管理	通过本单元学习，掌握用电检查工作的主要业务	1. 向用户宣传解释供用电方面的法律、法规、方针政策以及用电管理的知识和要求 2. 用户变更用电的检查工作 3. 用户设备的中间检查及竣工查验、送电方案的制定 4. 检查用户有否违章用电和窃电情况以及追补电量计算 5. 指导用户提高功率因数 6. 对用户开展用电分析，帮助降损工作 7. 指导用户开展调荷、节电和挖掘设备潜力，推广采用新技术、新设备、新管理工作	自学	12
MU15 仪器、仪表及电能计量	LE25 仪器、仪表的规范与使用	通过本单元学习，掌握用电检查常用设备的使用方法、技巧	1. 电气测量仪表装置设计技术规程 2. 会使用万用表 3. 会使用兆欧表 4. 会使用钳型电流表 5. 会使用接地电阻表 6. 会使用验电器、核相器 7. 会使用单、双臂电桥 8. 会使用功率表 9. 会使用功率因数表	自学	9
	LE26 电能计量装置的基本知识	通过本单元学习，掌握计量装置基本知识	1. 电能计量装置的工作原理 2. 电能计量装置管理规程 3. 电能计量装置正确配备 4. 计量装置的正确接线 5. 误接线的分析、判断	讲课	6

表 2 　职业技能模块及学习单元对照选择表

模 块	MU1	MU2	MU3	MU4	MU5	MU6	MU7
内 容	用电检查人员的职业道德及行为规范	微机的应用	安全规定及技术措施	法律、法规、规程、规范	电路基础知识及常用用电设备	电力生产过程及发电能质量	高、低压设备装置检查及运行
参考学时	3	6	12	32	18	12	54
适用等级	初级 中级 高级 高级技师	初级 中级 高级 高级技师	初级 中级 高级 高级技师	初级 中级 高级 高级技师	初级 中级 高级	初级 中级 高级 高级技师	初级 中级 高级 高级技师
学习单元LE序号选择　初级	1	2	3、4	5	7	9	12
中级	1	2	3、4	5	7、8	9	12
高级	1	2	3、4	5、6	7、8	9	11、10、12、13
技师	1	2	3、4	5、6	—	9	11、10、12、13
高级技师	1	2	3、4	5、6	—	9	11、10、12、13

续表

模块	MU8	MU9	MU10	MU11	MU12	MU13	MU14	MU15
内容	运行方式及主接线	变压器的运行	继电保护及自动装置的基础知识	高压试验的基础知识	过电压和接地保护的基础知识	安全用电	用电管理	仪器仪表及电能计量
参考学时	42	12	12	12	6	12	12	15
适用等级	高级 技师 高级技师	中级 高级 技师 高级技师	高级 技师 高级技师	高级 技师 高级技师	高级 技师 高级技师	初级 中级 高级	高级 技师 高级技师	中级 高级 技师 高级技师
学习单元 LE 序号选择 — 初级	—	—	—	—	—	23	—	—
学习单元 LE 序号选择 — 中级	—	16、18、19	—	—	—	23	—	25
学习单元 LE 序号选择 — 高级	14、15	16、18、19、17	20	21	22	23	24	25、26
学习单元 LE 序号选择 — 技师	14、15	16、18、19、17	20	21	22	—	24	25、26
学习单元 LE 序号选择 — 高级技师	14、15	16、18、19、17	20	21	22	—	24	25、26

13

表3			学习单元名称表
单元序号	单元名称	单元序号	单元名称
LE1	用电检查人员职业道德及行为规范	LE14	运行方式
LE2	微机的应用	LE15	电气主接线
LE3	安全规定	LE16	电力变压器技术规范
LE4	技术措施	LE17	电力变压器运行及维护
LE5	法律、法规、规程、规范的相关知识	LE18	电力变压器的操作
LE6	有关法律、法规、规程的应用	LE19	电力变压器异常运行及事故处理
LE7	电路基础知识	LE20	继电保护及自动装置的基础知识
LE8	用电设备的工作原理及特点	LE21	高压试验的基础知识
LE9	电力生产过程基本知识及对电能质量的要求	LE22	过电压与接地保护的基础知识
LE10	设备技术规范	LE23	安全用电
LE11	高、低压配电装置正常运行检查及维护	LE24	用电管理
LE12	高、低压配电装置的操作及注意事项	LE25	仪器、仪表的规范与使用
LE13	高、低压配电装置的事故处理	LE26	电能计量装置的基本知识

3 职业技能鉴定

3.1 鉴定要求

鉴定内容和考核双向细目表按照本职业（工种）《中华人民共和国职业技能鉴定规范·电力行业》执行。

3.2 考评人员

考评人员是在规定的工种（职业）、等级和类别范围内，依据国家职业技能鉴定规范和国家职业技能鉴定试题库电力行业分库试题，对职业技能鉴定对象进行考核、评审工作的人员。

考评人员分考评员和高级考评员。考评员可承担初、中、高级技能等级鉴定；高级考评员可承担初、中、高级技能等级和技师资格考评。其任职条件是：

3.2.1 考评员必须具有高级工、技师或者中级专业技术职务以上的资格，具有15年以上本工种专业工龄；高级考评员必须具有高级技师或者高级专业技术职务的资格，取得考评员资格并具有1年以上实际考评工作经历。

3.2.2 掌握必要的职业技能鉴定理论、技术和方法，熟悉职业技能鉴定的有关法律、法规和政策，有从事职业技术培训、考核的精力。

3.2.3 具有良好的职业道德，秉公办事，自觉遵守职业技能鉴定考评人员守则和有关规章制度。

鉴定试题库

4

4.1 理论知识（含技能笔试）试题

4.1.1 选择题

下列每题都有 4 个答案，其中只有一个正确答案，将正确答案填在括号内。

La5A1001 若正弦交流电压的有效值是 **220V**，则它的最大值是（**B**）V。

（A）380；（B）311；（C）440；（D）242。

La5A1002 通常所说的交流电压 **220V** 或 **380V**，是指它的（**D**）。

（A）平均值；（B）最大值；（C）瞬时值；（D）有效值。

La5A1003 下述单位符号中，目前不允许使用的是（**A**）。

（A）KV；（B）VA；（C）var；（D）kWh。

La5A1004 交流电压表和交流电流表指示的数值是（**B**）。

（A）平均值；（B）有效值；（C）瞬时值；（D）最大值。

La5A2005 将长度为 L、通有电流 I 的直导体，放在感应强度为 B 的匀强磁场中，设导体受到的力为 F，则（**C**）。

（A）F 一定和 I 垂直，但不一定与 B 垂直；（B）B 一定和

F、I 都垂直；（C）不管 I 和 B 之间的夹角多大，F 总与 I、B 相垂直；（D）只有当 I 和 B 相垂直时，F 才与 I 相垂直。

La5A2006 以下属于电力行业标准代号的是：（**A**）。
（A）DL；（B）GB；（C）SD；（D）JB。

La5A3007 欧姆定律只适用于（**C**）电路。
（A）电感；（B）电容；（C）线性；（D）非线性。

La5A3008 在直流电路中，电容器并联时，各并联电容上（**C**）。
（A）电荷量相等；（B）电压和电荷量都相等；（C）电压相等；（D）电流相等。

La5A3009 有两个正弦量，其瞬时值的表达式分别为 $u=220\sin(\omega t-10°)$V，$i=5\sin(\omega t-40°)$A。那么（**B**）。
（A）电流滞后电压 40°；（B）电流滞后电压 30°；（C）电压滞后电流 50°；（D）电压滞后电流 30°。

La5A4010 线圈中感应电动势的大小与（**C**）。
（A）线圈中磁通的大小成正比，还与线圈的匝数成正比；
（B）线圈中磁通的变化量成正比，还与线圈的匝数成正比；
（C）线圈中磁通的变化率成正比，还与线圈的匝数成正比；
（D）线圈中磁通的大小成正比，还与线圈的匝数成反比。

La5A5011 电容器在电路中的作用是（**A**）。
（A）通交流阻直流；（B）通直流阻交流；（C）通低频阻高频；（D）交流和直流均不能通过。

La4A1012 将一根电阻值等于 R 的电阻线对折起来双股

使用时，它的电阻等于（C）。

（A）2R；（B）R/2；（C）R/4；（D）4R。

La4A1013 三相电源的线电压为 **380V**，对称负载 **Y** 形接线，没有中性线，如果某相突然断掉，则其余两相负载的相电压（C）。

（A）不相等；（B）大于 380V；（C）各为 190V；（D）各为 220V。

La4A1014 在整流电路中，（D）整流电路输出的直流电脉动最小。

（A）单相全波；（B）单相半波；（C）单相桥式；（D）三相桥式。

La4A1015 以下不属于正弦交流电三要素的是（D）。

（A）频率；（B）最大值；（C）初相位；（D）最小值。

La4A1016 在交流电路中，当电压的相位超前电流的相位时（A）。

（A）电路呈感性，$\varphi > 0$；（B）电路呈容性，$\varphi > 0$；（C）电路呈感性，$\varphi < 0$；（D）电路呈容性，$\varphi < 0$。

La4A2017 两个并联在 **10V** 电路中的电容器是 **10μF**，现在将电路中电压升高至 **20V**，此时每个电容器的电容将（C）。

（A）增大；（B）减少；（C）不变；（D）先增大后减小。

La4A2018 导线的电阻值与（C）。

（A）其两端所加电压成正比；（B）流过的电流成反比；（C）所加电压和流过的电流无关；（D）导线的截面积成正比。

La4A3019 电路中产生并维持电位差的能源叫（**B**）。
（A）电压；（B）电源；（C）电流；（D）电动势。

La4A3020 正弦交流电的角频率$\omega=$（**B**）。
（A）$2\pi/T$；（B）$2\pi f$；（C）$T/2\pi$；（D）πf。

La4A3021 欧姆定律是反映电阻电路中（**A**）。
（A）电流、电压、电阻三者关系的定律；（B）电流、电动势、电位三者关系的定律；（C）电流、电动势、电导三者关系的定律；（D）电流、电动势、电抗三者关系的定律。

La4A4022 将一根导线均匀拉长为原长度的 **3** 倍，则它的阻值约为原阻值的（**D**）。
（A）3 倍；（B）6 倍；（C）4 倍；（D）9 倍。

La4A5023 电动势的方向是（**B**）。
（A）电源力移动负电荷的方向；（B）电源力移动正电荷的方向；（C）电场力移动正电荷的方向；（D）电场力移动负电荷的方向。

La3A1024 表示磁场大小和方向的量是（**C**）。
（A）磁通；（B）磁力线；（C）磁感应强度；（D）电磁力。

La3A2025 有一通电线圈，当电流减少时，电流的方向与产生电动势的方向（**A**）。
（A）相同；（B）相反；（C）无法判定；（D）先相同，后相反。

La3A3026 产生串联谐振的条件是（**C**）。
（A）$X_L>X_C$；（B）$X_L<X_C$；（C）$X_L=X_C$；（D）$X_L+X_C=R$。

La3A4027 在正弦交流电的一个周期内,随着时间变化而改变的是(A)。

(A)瞬时值;(B)最大值;(C)有效值;(D)平均值。

La2A1028 应用右手定则时,拇指所指的是(A)。

(A)导线切割磁力线的运动方向;(B)磁力线切割导线的方向;(C)导线受力后的运动方向;(D)在导线中产生感应电动势的方向。

La2A2029 在并联的交流电路中,总电流等于各分支电流的(B)。

(A)代数和;(B)相量和;(C)总和;(D)方根和。

La2A3030 设 U_m 是交流电压最大值,I_m 是交流电流最大值,则视在功率 S 等于(C)。

(A)$2U_mI_m$;(B)U_mI_m;(C)$0.5U_mI_m$;(D)U_mI_m。

La2A4031 判断电流产生磁场的方向是用(D)。

(A)左手定则;(B)右手定则;(C)楞次定律;(D)安培定则。

La2A5032 三相变压器铭牌上所标的容量是指额定三相的(B)。

(A)有功功率;(B)视在功率;(C)瞬时功率;(D)无功功率。

La1A1033 用楞次定律可判断感应电动势的(D)。

(A)方向;(B)大小;(C)不能判断;(D)大小和方向。

La1A2034 负荷功率因数低造成的影响是(D)。

（A）线路电压损失增大；（B）有功损耗增大；（C）发电设备不能充分发挥作用；（D）（A）、（B）、（C）三者都存在。

La1A3035　电源为三角形连接的供电方式为三相三线制，在三相电动势对称的情况下，三相电动势相量之和等于（**B**）。

（A）E；（B）0；（C）$2E$；（D）$3E$。

La1A4036　对称三相电源作星形连接，若已知 $\dot{U}_V=220\angle 60°$ **V**，则 $\dot{U}_{UV}=$（**A**）。

（A）$220\sqrt{3}\angle -150°$ V；（B）$220\angle -150°$ V；（C）$220\sqrt{3}\angle 150°$ V；（D）$220\angle 150°$ V。

La1A5037　当频率低于谐振频率时，*R*、*L*、*C* 串联电路呈（**C**）。

（A）感性；（B）阻性；（C）容性；（D）不定性。

Lb5A1038　暂换变压器的使用时间，10kV 及以下的不得超过（**D**）个月。

（A）一个月；（B）三个月；（C）六个月；（D）二个月。

Lb5A1039　有绕组的电气设备在运行中所允许的最高温度是由（**C**）性能决定的。

（A）设备保护装置；（B）设备的机械；（C）绕组的绝缘；（D）设备材料。

Lb5A1040　低压架空线路的接户线绝缘子角铁宜接地，接地电阻不宜超过（**C**）。

（A）10Ω；（B）15Ω；（C）4Ω；（D）30Ω。

Lb5A1041　在一般的电流互感器中产生误差的主要原因

是存在着（C）所致。

（A）容性泄漏电流；（B）负荷电流；（C）激磁电流；
（D）容性泄漏电流和激磁电流。

Lb5A1042 按照无功电能表的计量结果和有功电能表的计量结果就可以计算出用电的（C）。

（A）功率因数；（B）瞬时功率因数；（C）平均功率因数；
（D）加权平均功率因数。

Lb5A1043 我们通常所说的一只 **5A**、**220V** 单相电能表，这儿的 **5A** 是指这只电能表的（**A**）。

（A）标定电流；（B）额定电流；（C）瞬时电流；（D）最大额定电流。

Lb5A1044 异步电动机最好不要空载或轻载运行，因为（**B**）。

（A）定子电流较大；（B）功率因数较低；（C）转速太高有危险；（D）转子电流过小。

Lb5A1045 定子绕组为三角形接法的鼠笼式异步电动机，采用 Y—△ 减压启动时，其启动电流和启动转矩均为全压启动的（**B**）。

（A）$1/\sqrt{3}$；（B）1/3；（C）$1/\sqrt{2}$；（D）1/2。

Lb5A1046 三相鼠笼式异步电动机运行时发生转子绕组断条后的故障现象是（**B**）。

（A）产生强烈火花；（B）转速下降，电流表指针来回摆动；
（C）转速下降，噪声异常；（D）转速下降，三相电流不平衡。

Lb5A1047 电动机温升试验的目的是考核电动机的（**A**）。

（A）额定输出功率；（B）转子的机械强度；（C）绕组的绝缘强度；（D）导线的焊接质量。

Lb5A1048 发现电流互感器有异常音响，二次回路有放电声、且电流表指示较低或到零，可判断为（**A**）。

（A）二次回路断线；（B）二次回路短路；（C）电流互感器绝缘损坏；（D）电流互感器内部故障。

Lb5A1049 送电线路中杆塔的水平档距为（**C**）。

（A）相邻档距中两弧垂最低点之间距离；（B）耐张段内的平均档距；（C）杆塔两侧档距长度之和的一半；（D）杆塔两侧档距长度之和。

Lb5A1050 交流接触器的选用项目主要是（**C**）。

（A）型式、控制电路参数和辅助参数；（B）型式、主电路参数、控制电路参数和辅助参数；（C）型式、主电路参数、控制电路参数、辅助参数的确定、寿命和使用类别；（D）型式、电路参数、寿命、使用场合。

Lb5A1051 隔离开关的主要作用是（**A**）。

（A）将电气设备与带电的电源隔离，改变运行方式，接通和断开小电流电路；（B）将电气设备与带电的电源隔离，改变运行方式，接通和断开大电流电路；（C）将电气设备与带电的电源隔离，接通和断开电流电路；（D）改变运行方式，接通和断开电流电路。

Lb5A1052 电力设备（包括设施）损坏，直接经济损失达（**C**）万元者为特大设备事故。

（A）100；（B）500；（C）1000；（D）1200。

Lb5A1053 接在电动机控制设备侧电容器的额定电流,不应超过电动机励磁电流的(**D**)倍。

(A)0.8;(B)1.0;(C)1.5;(D)0.9。

Lb5A2054 有些绕线型异步电动机装有炭刷短路装置,它的主要作用是(**D**)。

(A)提高电动机运行的可靠性;(B)提高电动机的启动转矩;(C)提高电动机的功率因数;(D)减少电动机的摩擦损耗。

Lb5A2055 在三相对称故障时,电流互感器的二次计算负载,三角形接线比星形接线大(**D**)。

(A)2倍;(B)$\sqrt{3}$倍;(C)1/2倍;(D)3倍。

Lb5A2056 一只变比为100/5的电流互感器,铭牌上规定1s的热稳定倍数为30,不能用在最大短路电流为(**D**)A以上的线路上。

(A)600;(B)1500;(C)2000;(D)3000。

Lb5A2057 影响绝缘油的绝缘强度的主要因素是(**A**)。

(A)油中含杂质或水分;(B)油中含酸值偏高;(C)油中氢气偏高;(D)油中含氮或氢气高。

Lb5A2058 离地面(**A**)以上的工作均属高空作业。

(A)2m;(B)5m;(C)3m;(D)4m。

Lb5A2059 一个电池电动势内阻为r,外接负载为两个并联电阻,阻值各为R。当R为(**C**)时,负载上消耗的功率最大。

(A)0;(B)r;(C)$2r$;(D)$r/2$。

Lb5A2060　电网一类障碍一般由（**D**）负责组织调查。

（A）安监部门；（B）生技部门；（C）用电检查部门；（D）调度部门。

Lb5A2061　两个带电小球相距 *d*，相互间斥力为 *F*，当改变间距而使斥力增加为 **4F** 时，两小球间的距离为（**D**）。

（A）4*d*；（B）2*d*；（C）1/2*d*；（D）1/4*d*。

Lb5A2062　有一只内阻为 **0.1Ω**、量程为 **10A** 的电流表，当它测得电流是 **8A** 时，在电流表两端的电压降是（**C**）**V**。

（A）1；（B）0.1；（C）0.8；（D）1.6。

Lb5A2063　当供电电压较额定电压降低 **10%**，用电器的功率降低（**B**）。

（A）10%；（B）19%；（C）15%；（D）9%。

Lb5A2064　正弦交流电的最大值和有效值的大小与（**B**）。

（A）频率、相位有关；（B）频率、相位无关；（C）只与频率有关；（D）只与相位有关。

Lb5A2065　某临时用电单位因负荷有多余，在没有与供电部门联系的情况下将电力转供给一特困企业进行生产自救，该行为是（**C**）。

（A）违纪行为；（B）违法行为；（C）违约用电行为；（D）正常行为。

Lb5A2066　居民家用电器从损坏之日起超过（**C**）未向供电企业投诉并提出索赔要求的，供电企业不再负责其赔偿。

（A）3 日；（B）5 日；（C）7 日；（D）15 日。

Lb5A3067 铁芯线圈上电压与电流的关系是（B）关系。

（A）线性；（B）一段为线性，一段为非线性；（C）非线性；（D）两头为线性，中间为非线性。

Lb5A3068 三相电容器的电容量最大与最小的差值，不应超过三相平均电容值的（C）。

（A）2%；（B）4%；（C）5%；（D）10%。

Lb5A3069 对非法占用变电设施用地、输电线路走廊或者电缆通道的应（B）。

（A）由供电部门责令限期改正；逾期不改正的，强制清除障碍；（B）由县级以上地方人民政府责令限期改正；逾期不改正的，强制清除障碍；（C）由当地地方经贸委责令限期改正；逾期不改正的，强制清除障碍；（D）由当地公安部门责令限期改正；逾期不改正的，强制清除障碍。

Lb5A3070 低压断路器是由（C）等三部分组成。

（A）主触头、操动机构、辅助触头；（B）主触头、合闸机构、分闸机构；（C）感受元件、执行元件、传递元件；（D）感受元件、操作元件、保护元件。

Lb5A3071 并联电容器补偿装置的主要功能是（C）。

（A）增强稳定性，提高输电能力；（B）减少线路电压降，降低受电端电压波动，提高供电电压；（C）向电网提供可阶梯调节的容性无功，以补偿多余的感性无功，减少电网有功损耗和提高电网电压；（D）向电网提供可阶梯调节的感性无功，保证电压稳定在允许范围内。

Lb5A3072 电容器的运行电压不得超过电容器额定电压的（B）倍。

（A）1.05；（B）1.1；（C）1.15；（D）1.2。

Lb5A3073 在任意三相电路中，（**B**）。

（A）三个相电压的相量和必为零；（B）三个线电压的相量和必为零；（C）三个线电流的相量和必为零；（D）三个相电流的相量和必为零。

Lb5A3074 校验熔断器的最大开断电流能力应用（**C**）进行校验。

（A）最大负荷电流；（B）冲击短路电流的峰值；（C）冲击短路电流的有效值；（D）额定电流。

Lb5A3075 有三个电阻并联使用，它们的电阻比是 **1:3:5**，所以，通过三个电阻的电流之比是（**B**）。

（A）5:3:1；（B）15:5:3；（C）1:3:5；（D）3:5:15。

Lb5A3076 《刑法》中规定破坏电力、燃气或者其他易燃易爆设备，危及公共安全，尚未造成严重后果的，处（**B**）有期徒刑。

（A）三年以下；（B）三年以上十年以下；（C）三年以上七年以下；（D）十年以上。

Lb5A3077 用电检查人员应参与用户重大电气设备损坏和人身触电伤亡事故的调查，并在（**C**）日内协助用户提出事故报告。

（A）3；（B）5；（C）7；（D）10。

Lb5A3078 引起电能表潜动的主要原因是（**B**）。

（A）驱动力矩与制动力矩不平衡引起的；

（B）轻载补偿力矩补偿不当或电磁元件不对称引起的；

（C）驱动力矩的增减与负载功率的增减成反比引起的；

（D）电流铁芯的非线性引起的。

Lb5A3079 在低压电力系统中，优先选用的电力电缆是（**C**）。

（A）油浸纸绝缘电缆；（B）橡胶绝缘电缆；（C）聚氯乙烯绝缘电缆；（D）聚丙烯绝缘电缆。

Lb5A3080 室内 **0.4kV** 无遮栏裸导体至地面的距离不应小于（**C**）。

（A）1.9m；（B）2.1m；（C）2.3m；（D）2.4m。

Lb5A3081 具有电动跳、合闸装置的低压自动空气断路器（**C**）。

（A）不允许使用在冲击电流大的电路中；（B）可以作为频繁操作的控制电器；（C）不允许作为频繁操作的控制电器；（D）允许使用在冲击电流大的电路中。

Lb5A3082 有一只内阻为 **0.5MΩ**、量程为 **250V** 的直流电压表，当它的读数为 **100V** 时，流过电压表的电流是（**A**）**mA**。

（A）0.2；（B）0.5；（C）1.5；（D）2.5。

Lb5A3083 两个电容串联，C_1 容抗为 **5Ω**，C_2 容抗为 **10Ω**，则（**C**）。

（A）总容抗小于 10Ω；（B）总电容小于 10Ω；（C）C_1 电容量较 C_2 电容量大；（D）容抗与频率无关。

Lb5A3084 在三相对称电路中，功率因数角是指（**A**）之间的夹角。

（A）相电压和相电流；（B）线电压和线电流；（C）负载

为星形接线时，线电压和相电流；（D）每相负载阻抗。

Lb5A3085 《电力法》中所指的电价是（C）。

（A）电力生产企业的上网电价、电网销售电价；（B）电力生产企业的生产成本电价、电网销售电价；（C）电力生产企业的上网电价、电网间的互供电价、电网销售电价；（D）电力生产企业的生产成本电价、电网购电价、电网销售电价。

Lb5A3086 电力网按其在电力系统中的作用不同分为（A）。

（A）输电网和配电网；（B）输电网、变电网和配电网；（C）高压电网、中压电网和低压电网；（D）中性点直接接地电网和非直接接地电网。

Lb5A4087 配电室（箱）进、出线的控制电器按额定电流的（C）。

（A）1倍；（B）1.2倍；（C）1.3倍；（D）1.5倍。

Lb5A4088 当露天或半露天变电所供给一级负荷用电时，相邻变压器的防火净距不应小于（B）m。

（A）5；（B）10；（C）12；（D）15。

Lb5A4089 有一电子线路需用一只耐压为1000V、电容为8μF的电容器。现在只有四只耐压500V、电容量为8μF的电容器，因此只需要把四只电容器（A）就能满足要求。

（A）两只两只串联然后并联；（B）四只电容器串联；（C）三只并联然后再与另一只串联；（D）三只串联再与另一只并联。

Lb5A4090 与电容器组串联的电抗器起（C）作用。

（A）限制短路电流；（B）限制合闸涌流和吸收操作过电压；

（C）限制短路电流和合闸涌流；（D）限制合闸涌流。

Lb5A4091 当电流互感器一次电流不变,二次回路负载增大（超过额定值）时**（D）**。

（A）其角误差增大，变比误差不变；（B）其角误差不变,变比误差增大；（C）其角误差减小，变比误差不变；（D）其角误差和变比误差均增大。

Lb5A4092 电力运行事故因**（C）**原因造成的,电力企业不承担赔偿责任。

（A）电力线路故障；（B）电力系统瓦解；（C）不可抗力和用户自身的过错；（D）除电力部门差错外的。

Lb5A4093 供电企业用电检查人员实施现场检查时,用电检查人员的人数不得少于**（C）**。

（A）3人；（B）4人；（C）2人；（D）1人。

Lb5A4094 供电企业在接到居民用户家用电器损坏投诉后,应在**（B）**内派员赴现场进行调查、核实。

（A）12小时；（B）24小时；（C）3天；（D）7天。

Lb5A4095 某用户擅自使用在供电企业办理暂停手续的高压电动机,并将作为贸易结算的计量 TA 一相短接,该户的行为属**（C）**行为。

（A）违章；（B）窃电；（C）既有违约又有窃电；（D）违约行为。

Lb5A4096 某用户擅自向另一用户转供电,供电企业对该户应**（C）**。

（A）当即拆除转供线路；（B）处以其供出电源容量收取每

千瓦（千伏·安）500 元的违约使用电费；（C）当即拆除转供线路，并按其供出电源容量收取每千瓦（千伏·安）500 元的违约使用电费；（D）当即停该户电力，并按其供出电源容量收取每千瓦（千伏·安）500 元的违约使用电费。

Lb5A5097 有一台三相发电机，其绕组连成星形，每相额定电压为 220V。在一次试验时，用电压表测得 $U_A=U_B=U_C=220V$，而线电压则为 $U_{AB}=U_{CA}=220V$，$U_{BC}=380$，这是因为（**A**）。

（A）A 相绕组接反；（B）B 相绕组接反；（C）C 相绕组接反；（D）A、B 绕组接反。

Lb5A5098 在低压电气设备中，属于 **E** 级绝缘的线圈允许温升为（**C**）。

（A）60℃；（B）70℃；（C）80℃；（D）85℃。

Lb5A5099 限流断路器的基本原理是利用（**A**）来达到限流的目的。

（A）短路电流所产生的电动力迅速使触头斥开；（B）断路器内的限流电阻；（C）瞬时过电流脱扣器动作；（D）断路器内的限流线圈。

Lb5A5100 变压器上层油温不宜超过（**A**）。

（A）85℃；（B）95℃；（C）100℃；（D）105℃。

Lb4A1101 在正常运行情况下，中性点不接地系统的中性点位移电压不得超过（**A**）。

（A）15%；（B）10%；（C）7.5%；（D）5%。

Lb4A1102 电压互感器在正常运行时二次回路的电压是

（B）。

（A）57.7V；（B）100V；（C）173V；（D）不能确定。

Lb4A1103　用手触摸变压器的外壳时，如有麻电感，可能是**（C）**。

（A）线路接地引起；（B）过负荷引起；（C）外壳接地不良引起；（D）过电压引起。

Lb4A1104　变压器油的凝固点一般在**（D）**之间。

（A）−10～−25℃；（B）−15～−30℃；（C）−10～10℃；（D）−45～−10℃。

Lb4A1105　独立避雷针与配电装置的空间距离不应小于**（A）**。

（A）5m；（B）10m；（C）12m；（D）15m。

Lb4A1106　10kV 线路首端发生短路时，**（B）**保护动作，断路器跳闸。

（A）过电流；（B）速断；（C）低周减载；（D）差动。

Lb4A1107　变压器励磁电流的大小主要取决于**（C）**。

（A）原绕组电阻 r_1；（B）励磁电阻 r_m；（C）励磁电抗 X_m；（D）原边漏磁感抗 X_l。

Lb4A1108　中性点接地系统比不接地系统供电可靠性**（A）**。

（A）高；（B）差；（C）相同；（D）无法比。

Lb4A1109　高压供电方案的有效期限为**（B）**。

（A）半年；（B）1 年；（C）2 年；（D）三个月。

Lb4A1110 高压输电线路故障，绝大部分是（**A**）。

（A）单相接地；（B）两相接地短路；（C）三相短路；（D）两相短路。

Lb4A1111 变压器油在变压器内主要起（**B**）作用。

（A）绝缘；（B）冷却和绝缘；（C）消弧；（D）润滑。

Lb4A1112 10kV 绝缘棒的试验周期为（**A**）。

（A）每年 1 次；（B）每六个月一次；（C）每两年一次；（D）每三个月一次。

Lb4A1113 电缆穿越农田时，敷设在农田中的电缆埋设深度不应小于（**B**）m。

（A）0.5；（B）1；（C）1.5；（D）2。

Lb4A1114 供电企业供到用户受电端的供电电压 10kV 及以下三相供电的允许偏差为（**A**）。

（A）额定值的–7%～+7%；（B）额定值的–10%～+7%；（C）额定值的–5%～+5%；（D）额定值–10%～+10%。

Lb4A1115 在电力系统中使用氧化锌避雷器的主要原因是它具有（**C**）的优点。

（A）造价低；（B）便于安装；（C）保护性能好；（D）体积小，运输方便。

Lb4A2116 绝缘油质铜包多芯电缆弯曲半径与电缆外径比的规定倍数是（**C**）。

（A）10；（B）20；（C）25；（D）30。

Lb4A2117 大电流接地系统是指中性点直接接地的系统，

其接地电阻值应不大于（**B**）。

（A）0.4Ω；（B）0.5Ω；（C）1Ω；（D）4Ω。

Lb4A2118 母线及隔离开关长期允许的工作温度通常不应超过（**C**）。

（A）50℃；（B）60℃；（C）70℃；（D）80℃。

Lb4A2119 变电所防护直击雷的措施是（**D**）。

（A）装设架空地线；（B）每线装阀型避雷器；（C）装设避雷线；（D）装设独立避雷针。

Lb4A2120 电磁型操动机构,合闸线圈动作电压应不低于额定电压的（**B**）。

（A）75%；（B）80%；（C）85%；（D）90%。

Lb4A2121 用户提出减少用电容量,供电部门应根据用户所提出的期限，使其保留期限最长不超过（**C**）。

（A）半年；（B）一年；（C）两年；（D）四年。

Lb4A2122 高压供电的大工业用户,其功率因数的标准是（**B**）。

（A）0.85 以上；（B）0.9 以上；（C）0.8 以上；（D）0.95以上。

Lb4A2123 FS-10 阀型避雷器,其规定的通流容量是（**A**）。
（A）80A；（B）100A；（C）300A；（D）1000A。

Lb4A2124 独立避雷针的接地电阻一般不大于（**D**）。
（A）4Ω；（B）6Ω；（C）8Ω；（D）10Ω。

Lb4A2125　**FS、FZ** 阀型避雷器能有效的消除（**B**）。

（A）直击雷过电压；（B）感应雷过电压、行波过电压；（C）内部过电压；（D）感应雷过电压、操作过电压。

Lb4A2126　变压器接线组别为 **Y，yn0** 时，其中性线电流不得超过低压绕组额定电流的（**C**）。

（A）15%；（B）20%；（C）25%；（D）35%。

Lb4A2127　在故障情况下，变压器超过额定负荷二倍时，允许运行的时间为（**B**）。

（A）15min；（B）7.5min；（C）3.5min；（D）2min。

Lb4A2128　SF_6 断路器相间合闸不同期不应大于（**A**）。

（A）5ms；（B）6ms；（C）7ms；（D）9ms。

Lb4A2129　当一根电缆的载流量不能满足要求，需将两根电缆并联使用时，其额定电流（**C**）两根电缆额定电流之和。

（A）等于；（B）大于；（C）小于；（D）大于等于。

Lb4A2130　测量电流互感器极性的目的是为了（**B**）。

（A）满足负载的要求；（B）保证外部接线正确；（C）满足计量和保护装置的要求；（D）提高保护装置动作的灵敏度。

Lb4A2131　断路器的跳闸辅助触点应在（**C**）接通。

（A）合闸过程中，合闸辅助触点断开后；（B）合闸过程中，合闸辅助触点断开前；（C）合闸过程中，动、静触头接触前；（D）合闸终结后。

Lb4A2132　变压器差动保护做相量图试验应在变压器（**D**）时进行。

（A）停电；（B）空载；（C）满载；（D）载有一定负荷。

Lb4A2133　一只被检电流互感器的额定二次电流为 **5A**，额定二次负荷为 **5VA**，额定功率因数为 **1**，则其额定二次负荷阻抗为（**C**）。
（A）0.15Ω；（B）0.3Ω；（C）0.2Ω；（D）0.25Ω。

Lb4A2134　当电源频率增高时，电压互感器一、二次绕组的漏抗（**C**）。
（A）不变；（B）减小；（C）增大；（D）先减小后增大。

Lb4A2135　电流互感器相当于普通变压器（**B**）运行状态。
（A）开路；（B）短路；（C）带负荷；（D）空载。

Lb4A3136　用直流电桥测量电阻时，其测量结果中，（**A**）。
（A）单臂电桥应考虑接线电阻，而双臂电桥不必考虑；（B）双臂电桥应考虑接线电阻，而单臂电桥不必考虑；（C）单、双臂电桥均应考虑接线电阻；（D）单、双臂电桥均不必考虑接线电阻。

Lb4A3137　控制回路在正常最大负荷时，控制母线至各设备的电压降，不应超过额定电压的（**B**）。
（A）5%；（B）10%；（C）15%；（D）20%。

Lb4A3138　变压器并列运行的基本条件是（**C**）。
（A）接线组别标号相同、电压比相等；（B）短路阻抗相等、容量相同；（C）接线组别标号相同、电压比相等、短路阻抗相等；（D）接线组别标号相同、电压比相等、容量相同。

Lb4A3139　作用于电力系统的过电压，按其起因及持续时间大致可分为（D）。

（A）大气过电压、操作过电压；（B）大气过电压、工频过电压、谐振过电压；（C）大气过电压、工频过电压；（D）大气过电压、工频过电压、谐振过电压、操作过电压。

Lb4A3140 输、配电线路发生短路会引起（B）。

（A）电压不变，电流增大；（B）电流增大，电压下降；（C）电压升高，电流增大；（D）电压降低，电流不变。

Lb4A3141 全线敷设电缆的配电线路，一般不装设自动重合闸，是因为（B）。

（A）电缆线路故障几率少；（B）电缆线路故障多系永久性故障；（C）电缆故障不允许重合；（D）装设自动重合闸会扩大故障。

Lb4A3142 FZ 型避雷器若并联电阻老化、断裂、接地不良，则绝缘电阻（A）。

（A）增大；（B）不变；（C）降低；（D）先增大后减小。

Lb4A3143 用试拉断路器的方法寻找接地线路时，应最后试拉（D）。

（A）短线路；（B）长线路；（C）双线路；（D）带有重要用户的线路。

Lb4A3144 10kV 及以上黏性油浸纸绝缘电缆泄漏电流的绝对值大于 20μA 时，三相不平衡系数应不大于（C）。

（A）1；（B）1.2；（C）2；（D）1.5。

Lb4A3145 电缆沟和电缆隧道应采取防水措施，其底部排水沟的坡度不应小于（B）。

（A）1%；（B）0.5%；（C）0.3%；（D）0.7%。

Lb4A3146 当断路器三相跳、合闸不同期超过标准时，对运行的危害是（**D**）。

（A）变压器合闸涌流增大；（B）断路器的合闸速度降低；（C）断路器合闸速度降低，跳闸不平衡电流增大；（D）产生危害绝缘的操作过电压，并影响断路器切断故障的能力。

Lb4A3147 高压为 **10kV** 级星形接线的变压器，改成 **6kV** 级三角形接线后，其容量（**D**）。

（A）降低；（B）升高；（C）不定；（D）不变。

Lb4A3148 要想变压器效率最高，应使其运行在（**D**）。

（A）额定负载时；（B）80%额定负载时；（C）75%额定负载时；（D）绕组中铜损耗与铁损耗相等时。

Lb4A3149 变压器温度升高时，绝缘电阻测量值（**B**）。

（A）增大；（B）降低；（C）不变；（D）成比例增长。

Lb4A3150 两接地极间的平行距离应不小于（**B**）m。

（A）4；（B）5；（C）8；（D）10。

Lb4A4151 变压器在额定电压下，二次侧开路时在铁芯中消耗的功率称为（**B**）。

（A）铜损耗；（B）铁损耗；（C）无功损耗；（D）铜损耗和铁损耗。

Lb4A4152 保护装置出口中间继电器的动作电压应不大于额定电压的（**C**）。

（A）50%；（B）60%；（C）70%；（D）80%。

Lb4A4153 油浸纸充油绝缘电力电缆最低允许敷设温度是（**B**）℃。

（A）0；（B）−10；（C）−5；（D）5。

Lb4A4154 单相接地引起的过电压只发生在（**C**）。

（A）中性点直接接地电网中；（B）中性点绝缘的电网中；（C）中性点不接地或间接接地电网中；（D）中性点不直接接地的电网中，即经消弧线圈接地的电网中。

Lb4A4155 断路器的技术特性数据中，电流绝对值最大的是（**D**）。

（A）额定电流；（B）额定开断电流；（C）额定电流的瞬时值；（D）动稳定电流。

Lb4A4156 SF_6 电气设备投运前，应检验设备气室内 SF_6（**A**）含量。

（A）水分和空气；（B）水分和氮气；（C）空气和氮气；（D）水分和 SF_6 气体。

Lb4A4157 电流互感器二次回路接地点的正确设置方式是（**A**）。

（A）电流互感器二次侧的接地点一般设置在其端子箱处，但某些保护应在保护屏的端子排上接地；（B）不论何种保护，电流互感器二次侧的接地点均应在电流互感器的端子上；（C）不论何种保护，电流互感器二次侧的接地点均应在保护屏的端子排上接地；（D）每组电流互感器，必须单独有一个接地点。

Lb4A4158 10kV 及以下公用高压线路的责任分界点是（**B**）。

（A）用户厂界内第一断路器；（B）用户厂界外第一断路器；
（C）供电方出线断路器；（D）供电方进线断路器。

Lb4A4159 当变比不同的两台变压器并列运行时,会产生环流,并在两台变压器内产生电压降,使得两台变压器输出端电压（**C**）。

（A）上升；（B）降低；（C）变比大的升,变比小的降；
（D）变比小的升,变比大的降。

Lb4A4160 在接地体径向地面上,水平距离为（**D**）m 的两点间的电压,称为跨步电压。

（A）1.6；（B）1.2；（C）1.0；（D）0.8。

Lb4A5161 用直流电桥测量变压器绕组直流电阻的充电过程中,电桥指示的电阻值随时间增长而（**C**）。

（A）增加；（B）不变；（C）减小；（D）先增加后减小。

Lb4A5162 变压器的空载损耗、空载电流与电压的比较精确关系应（**C**）。

（A）线性的正比关系；（B）平方关系；（C）由试验作图确定；（D）指数关系。

Lb4A5163 装有管型避雷器的线路,保护装置的动作时间不应大于（**C**）。

（A）0.05s；（B）0.1s；（C）0.08s；（D）0.06s。

Lb4A5164 10MVA 以下的变压器可装设（**B**）。

（A）电流速断保护和气体保护；（B）电流速断保护和过流保护及气体保护；（C）电流速断保护和过流保护；（D）过流保护及气体保护。

Lb4A5165 电流互感器铁芯内的交变主磁通是由（**C**）产生的。

（A）一次绕组两端的电压；（B）二次绕组内通过的电流；（C）一次绕组内流过的电流；（D）一次和二次电流共同。

Lb4A5166 铅蓄电池电解液的温度超过 **35℃**时，电池组容量（**B**）。

（A）升高；（B）降低；（C）不变；（D）先升高后降低。

Lb3A1167 三相桥式整流器的交流电源一相故障时，将会造成直流母线电压（**D**）。

（A）降低 70%左右；（B）降到零；（C）降低 50%左右；（D）降低 20%左右。

Lb3A1168 要使变压器容量在三相不平衡负荷下充分利用，并有利于抑制三次谐波电流时，宜选用绕组接线为（**B**）的变压器。

（A）Y，yn0；（B）D，yn11；（C）Y，d11；（D）YN，d11。

Lb3A1169 电抗变压器在空载情况下，二次电压与一次电流的相位关系是（**A**）。

（A）二次电压超前一次电流接近 90；（B）二次电压与一次电流接近 0；（C）二次电压滞后一次电流接近90；（D）二次电压超前一次电流接近 180。

Lb3A1170 一只 **10kV** 电流互感器变比为 **50/5**，准确度等级为 **0.2** 级，该互感器在额定电流的 **20%**时测出的电流误差不应超过（**D**）。

（A）0.8；（B）0.75；（C）0.5；（D）0.35。

Lb3A1171 在多层支架上敷设电缆时,电力电缆应放在控制电缆的(**B**)。

(A)上面;(B)下面;(C)无规定可根据需要;(D)旁边。

Lb3A1172 配电装置处的配电柜,配电箱上的电能表的水平中心线宜距地面(**A**)。

(A)0.8～1.8m;(B)2.0m;(C)0.6m;(D)2.2m。

Lb3A1173 六氟化硫电器中六氟化硫气体的纯度大于等于(**D**)。

(A)95%;(B)98%;(C)99.5%;(D)99.8%。

Lb3A1174 有一台800kVA的配电变压器一般应配备(**D**)保护。

(A)差动,过流;(B)过负荷;(C)差动、气体、过流;(D)气体、过流。

Lb3A1175 电源频率增加一倍,变压器绕组的感应电动势(**A**)。(电源电压不变)

(A)增加一倍;(B)不变;(C)是原来的1/2;(D)略有增加。

Lb3A1176 变压器气体(轻瓦斯)保护动作,收集到灰白色的臭味可燃的气体,说明变压器发生的是(**B**)故障。

(A)木质;(B)纸及纸板;(C)绝缘油分解;(D)变压器铁芯烧坏。

Lb3A1177 在电能表经常运行的负荷点,Ⅰ类装置允许误差应不超过(**D**)。

（A）±0.25%；（B）±0.4%；（C）±0.5%；（D）±0.75%。

Lb3A2178　已知一 *RLC* 串联电路的谐振频率是 f_0。如果把电路的电感 *L* 增大一倍，把电容减少到原有电容的 **1/4**，则该电路的谐振频率变为（**D**）。

（A）$1/2f_0$；（B）$2f_0$；（C）$4f_0$；（D）$\sqrt{2}f_0$。

Lb3A2179　变压器二次绕组采用三角形接法时，如果一相绕组接反，则将产生（**D**）的后果。

（A）没有输出电压；（B）输出电压升高；（C）输出电压不对称；（D）绕组烧坏。

Lb3A2180　变压器高压侧为单电源，低压侧无电源的降压变压器，不宜装设专门的（**C**）。

（A）气体保护；（B）差动保护；（C）零序保护；（D）过负荷保护。

Lb3A2181　消弧线圈采用（**B**）运行方式。

（A）全补偿；（B）过补偿；（C）欠补偿；（D）不补偿。

Lb3A2182　装有自动重合闸的断路器应定期检查（**A**）。

（A）合闸熔断器和重合闸的完好性能；（B）二次回路的完好性；（C）重合闸位置的正确性能；（D）重合闸二次接线的正确性。

Lb3A2183　额定电压为 **10kV** 的断路器用于 **6kV** 电压上，其遮断容量（**C**）。

（A）不变；（B）增大；（C）减小；（D）波动。

Lb3A2184　在进行避雷器工频放电实验时，要求限制放电时短路电流的保护电阻，应把适中电流的幅值限制在（C）以下。

(A) 0.3A；(B) 0.5A；(C) 0.7A；(D) 0.9A。

Lb3A2185 10kV 及以下电压等级，电压允许波动和闪变限值为（B）。

(A) 2%；(B) 2.5%；(C) 1.6%；(D) 1.0%。

Lb3A2186 6~10kV 导线最大计算弧垂与建筑物垂直部分的最小距离是（B）m。

(A) 5.0；(B) 3.0；(C) 4.0；(D) 3.5。

Lb3A2187 直接影响电容器自愈性能的是（C）。

(A) 金属化膜的质量；(B) 金属化膜的材料；(C) 金属化层的厚薄；(D) 金属化层的均匀程度。

Lb3A3188 RLS 熔断器是指（B）。

(A) 瓷插式快速熔断器；(B) 螺旋式快速熔断器；(C) 管式熔断器；(D) 熔断器。

Lb3A3189 双母线系统的两组电压互感器并列运行时，（B）。

(A) 应先并二次侧；(B) 应先并一次侧；(C) 先并二次侧或一次侧均可；(D) 一次侧不能并，只能并二次侧。

Lb3A3190 一台容量为 1000kVA 的变压器，24h 的有功用电量为 15 360kWh，功率因数为 0.85，该变压器 24h 的利用率为（C）。

(A) 54%；(B) 64%；(C) 75.3%；(D) 75%。

Lb3A3191 标志断路器开合短路故障能力的数据是（B）。

（A）短路电压；（B）额定短路开合电流的峰值；（C）最大单相短路电流；（D）短路电流。

Lb3A3192 两台变压器并联运行，空载时二次绕组中有一定大小的电流，其原因是（B）。

（A）短路电压不相等；（B）变比不相等；（C）连接组别不相同；（D）并联运行的条件全部不满足。

Lb3A4193 变压器的励磁涌流中含有大量的高次谐波分量，主要是（B）谐波分量。

（A）三次和五次；（B）二次和三次；（C）五次和七次；（D）二次和五次。

Lb3A4194 10kV 架空线路的对地距离按规定，城市和居民区为（D）m。

（A）4.0；（B）4.5；（C）5；（D）6.5。

Lb3A4195 变压器的压力式温度计，所指示的温度是（C）。

（A）下层油温；（B）铁芯温度；（C）上层油温；（D）绕组温度。

Lb3A5196 变压器二次侧突然短路，会产生一个很大的短路电流通过变压器的高压侧和低压侧，使高、低压绕组受到很大的（D）。

（A）径向力；（B）电磁力；（C）电磁力和轴向力；（D）径向力和轴向力。

Lb3A5197 10kV 电压互感器二次绕组三角处并接一个电

阻的作用是（**C**）。

（A）限制谐振过电压；（B）防止断开熔断器、烧坏电压互感器；（C）限制谐振过电压，防止断开熔断器、烧坏电压互感器；（D）平衡电压互感器二次负载。

Lb2A1198 几个试品并联在一起进行工频交流耐压试验时，试验电压应按各试品试验电压的（**D**）选择。

（A）平均值；（B）最大值；（C）有效值；（D）最小值。

Lb2A1199 避雷线的主要作用是（**B**）。

（A）防止感应雷击电力设备；（B）防止直接雷击电力设备；（C）防止感应雷击电力线路；（D）防止感应雷击电力设备和防止直接雷击电力设备。

Lb2A1200 对于单侧电源的双绕组变压器，常采用带制动线圈的差动继电器构成差动保护。其制动线圈应装在（**B**）。

（A）电源侧；（B）负荷侧；（C）电源侧或负荷侧；（D）保护需要处。

Lb2A1201 计算线损的电流为（**D**）。

（A）有功电流；（B）无功电流；（C）瞬时电流；（D）视在电流。

Lb2A2202 采用直流操作电源（**D**）。

（A）只能用定时限过电流保护；（B）只能用反时限过电流保护；（C）只能用于直流指示；（D）可用定时限过电流保护，也可用反时限过电流保护。

Lb2A2203 过流保护加装复合电压闭锁可以（**C**）。

（A）扩大保护范围；（B）增加保护可靠性；（C）提高保

护灵敏度；（D）扩大保护范围，增加保护可靠性。

Lb2A2204 电磁式操动机构的断路器大修后，其跳、合闸线圈的绝缘电阻不应小于（**B**）。

（A）1000Ω；（B）1MΩ；（C）2MΩ；（D）5MΩ。

Lb2A2205 断路器液压操动机构的贮压装置充氮气后（**B**）。

（A）必须水平放置；（B）必须直立放置；（C）必须保持15°倾斜角度放置；（D）可以任意放置。

Lb2A2206 将有效长度为 **50cm** 的导线与磁场成 **30°** 角放入一磁感应强度为 **0.5Wb/m²** 的均匀磁场中，若导线中的电流为 **20A**，则电磁力为（**B**）。

（A）1.5N；（B）2.5N；（C）5N；（D）7.5N。

Lb2A3207 理想变压器的一次绕组匝数为 **1500**，二次绕组匝数为 **300**。当在其二次侧接入 **200Ω** 的纯电阻作负载时，反射到一次侧的阻抗是（**A**）**Ω**。

（A）5000；（B）1000；（C）600；（D）3000。

Lb2A3208 R、X 和 $|Z|$ 是阻抗三角形的三个边，所以，在 RLC 串联电路中有功功率因数等于（**C**）。

（A）X/R；（B）$X/|Z|$；（C）$R/|Z|$；（D）R/X。

Lb2A3209 在 RLC 串联电路中，增大电阻 R，将带来以下哪种影响（**D**）。

（A）谐振频率降低；（B）谐振频率升高；（C）谐振曲线变陡；（D）谐振曲线变钝。

Lb2A4210 采用 **A** 级绝缘的调相机铁芯，允许温升为（**B**）。

（A）55℃；（B）65℃；（C）60℃；（D）85℃。

Lb2A4211 二次小母线在断开所有其他并联支路时，其绝缘电阻测量值不应小于（**B**）。

（A）8MΩ；（B）10MΩ；（C）15MΩ；（D）20MΩ。

Lb2A5212 中性点不直接接地系统中**35kV**的避雷器最大允许电压是（**C**）。

（A）38.5kV；（B）40kV；（C）41kV；（D）42kV。

Lb1A1213 10～35kV 电气设备绝缘特性试验项目中，决定性试验项目是（**C**）。

（A）绝缘电阻和吸收比；（B）绝缘电阻；（C）交流耐压；（D）电容值和介质损耗角。

Lb1A1214 在 **10～15kV** 断路器中，触头间的开距为（**C**）。

（A）8～10mm；（B）12～14mm；（C）10～12mm；（D）14～16mm。

Lb1A1215 校验熔断器的最大开断电流能力应用（**C**）进行校验。

（A）最大负荷电流；（B）冲击短路电流的峰值；（C）冲击短路电流的有效值；（D）额定电流。

Lb1A1216 为了防止三绕组自耦变压器在高压侧电网发生单相接地故障时（**B**）出现过电压，所以自耦变压器的中性点必须接地。

（A）高压侧；（B）中压侧；（C）低压侧；（D）中压侧和低压侧。

Lb1A1217 已知一 *RLC* 串联谐振电路的谐振频率是 f_0，如果把电路的电感 *L* 增大一倍，把电容减少到原有电容的 1/4，则该电路的谐振频率变为（**D**）。

（A）$1/2f_0$；（B）$2f_0$；（C）$4f_0$；（D）$\sqrt{2}\,f_0$。

Lb1A2218 3～15kV 真空断路器大修后，其绝缘电阻不应低于（**B**）。

（A）500MΩ；（B）1000MΩ；（C）1500MΩ；（D）2000MΩ。

Lb1A2219 LQG-0.5 型低压电流互感器，准确度为 0.5 级时，一般二次负荷阻抗为（**B**）。

（A）0.2Ω；（B）0.4Ω；（C）0.6Ω；（D）0.8Ω。

Lb1A2220 容量为 10 000kVA、电压为 63/11kV 的三相变压器和容量为 10 000kVA、电压为 63/10.5kV 的三相变压器，两台的接线组别相同、短路电压为 8%、负载系数为 1，则并联时的循环电流为（**B**）。

（A）第一台变压器额定电流的 0.31 倍；（B）第一台变压器额定电流的 0.28 倍；（C）第一台变压器额定电流的 0.25 倍；（D）第一台变压器额定电流的 0.45 倍。

Lb1A2221 电力系统中限制短路电流的方法有（**A**）。

（A）装设电抗器，变压器分开运行，供电线路分开运行；（B）装设电抗器，供电线路分开运行；（C）装设串联电容器，变压器并列运行；（D）装设串联电容器，变压器并列运行，供电线路分开运行。

Lb1A2222 镉镍屏（柜）中控制母线和动力母线的绝缘电阻不应低于（**B**）。

（A）8MΩ；（B）10MΩ；（C）15MΩ；（D）20MΩ。

Lb1A3223 主变压器差动保护投入运行前测量负荷六角图是（**A**）。

（A）用来判别电流互感器的极性和继电器接线是否正确；（B）用来判别差动保护的差流回路是否存在差流；（C）用来检查主变压器的负荷平衡情况；（D）用来检查差动保护装置动作情况。

Lb1A3224 三段式距离保护中Ⅰ段的保护范围是全长的（**D**）。

（A）70%；（B）70%～80%；（C）80%；（D）80%～85%。

Lb1A3225 单电源线路速断保护的保护范围是（**B**）。

（A）线路的 10%；（B）线路的 20%～50%；（C）约为线路的 60%；（D）线路的 30%～60%。

Lb1A3226 变电所的母线上装设避雷器是为了（**D**）。

（A）防直击雷；（B）防止反击过电压；（C）防止雷电进行波；（D）防止雷电直击波。

Lc2A3227 我国现行分类电价试行峰谷分时电价的原因是（**C**）。

（A）能源资源分布不均的影响；（B）考虑供求关系的影响；（C）体现电能商品的时间价差；（D）考虑季节因素的影响。

Lb3A2228 （**B**）是供电企业向申请用电的客户提供的电源特性、类型和管理关系的总称。

（A）供电方案；（B）供电方式；（C）供电容量；（D）供电电压。

Lb1A5229 工作人员在工作中的正常活动范围与带电设备的安全距离 35kV 有遮栏时为（**A**）。

（A）0.6m；（B）0.40m；（C）1.0m；（D）1.5m。

Lc5A1230 弧垂过大或过小的危害是（**A**）。

（A）弧垂过大易引起导线碰线，弧垂过小因导线受拉应力过大而将导线拉断；（B）弧垂过大易引起导线拉断，弧垂过小影响导线的载流量；（C）弧垂过小易引起导线碰线，弧垂过大因导线受拉应力过大而将导线拉断；（D）弧垂过小易引起导线拉断，弧垂过大影响导线的载流量。

Lc5A2231 如果触电者心跳停止，呼吸尚存，应立即用（**B**）法对触电者进行急救。

（A）口对口人工呼吸法；（B）胸外心脏挤压法；（C）仰卧压胸法；（D）俯卧压背人工呼吸法。

Lc5A3232 电气设备检修工作前，必须履行工作（**B**）手续。

（A）监护；（B）许可；（C）票；（D）安全措施。

Lc5A4233 工作人员在控制盘和低压配电盘、配电箱、电源干线上工作，需填用（**B**）工作票。

（A）第一种；（B）第二种；（C）口头命令；（D）电源干线上第一种、其他的填第二种。

Lc5A5234 下面列出了 4 个测量误差的定义，其中国际通用定义是（**B**）。

（A）含有误差的量值与其真值之差；（B）测量结果减去被测量的真值；（C）计量器具的示值与实际值之差；（D）某量值的给出值与客观真值之差。

Lc5A5235 电动机变频调速优点有（**A**）。

（A）调速范围较大、平滑性高，可实现恒转矩或恒功率调速；（B）调速范围宽、效率高，可用于大功率电动机；（C）调速平滑性高、效率高、节能效果明显；（D）可适用于任何电动机、费用低、节能效果明显。

Lc4A1236 导线为水平排列时，上层横担距杆顶距离不宜小于（**C**）。

（A）100mm；（B）150mm；（C）200mm；（D）250mm。

Lc4A2237 损伤截面占总截面 **5%～10%** 时，应用同型号导线的股线绑扎，绑扎长度不应小于（**C**）。

（A）40mm；（B）50mm；（C）60mm；（D）70mm。

Lc4A3238 绝缘子在安装前应逐个并作外观检查和抽测不小于（**B**）的绝缘子。

（A）3%；（B）5%；（C）7%；（D）9%。

Lc4A4239 送电线路的垂直档距（**C**）。

（A）决定于杆塔承受的水平荷载；（B）决定于杆塔承受的风压；（C）决定于杆塔导、地线自重和冰重；（D）决定于杆塔导、地线自重。

Lc4A5240 在小接地电流系统中，某处发生单相接地时，母线电压互感器开口三角形的电压（**D**）。

（A）故障点距母线越近，电压越高；（B）故障点距母线越近，电压越低；（C）为0；（D）不管离故障点距离远近，基本电压一样高。

Lc3A2241 新敷设的电缆线路投入运行（C），一般应作 **1** 次直流耐压试验，以后再按正常周期试验。

（A）1个月；（B）2个月；（C）3～12个月；（D）24个月。

Lc3A3242 镉镍蓄电池的电解液呈（D）。
（A）强酸性；（B）中性；（C）弱酸性；（D）碱性。

Lc3A3243 室外配电箱应牢固的安装在支架或基础上，箱底距地面高度为（C）。
（A）0.6～0.8m；（B）0.8～1.0m；（C）1.0～1.2m；（D）1.2～1.4m。

Lc3A4244 若变压器的高压套管侧发生相间短路，则（D）应动作。
（A）气体（轻瓦斯）和气体（重瓦斯）保护；（B）气体（重瓦斯）保护；（C）电流速断和气体保护；（D）电流速断保护。

Lc2A1245 高压配电线路与 **35kV** 线路同杆架设时，两线路导线间的垂直距离不宜小于（B）m。
（A）1.5；（B）2.0；（C）2.5；（D）1.6。

Lc1A1246 横差方向保护反映（D）故障。
（A）母线短路；（B）变压器及套管；（C）母线上的设备接地；（D）线路短路。

Jd5A1247 若误用 **500** 型万用表的直流电压档测量 **220V**、

50Hz 交流电，则指针指示在（**D**）位置。

（A）220V；（B）127V；（C）110V；（D）0V。

Jd5A2248 测量绝缘电阻时，影响准确性的因素有（**A**）。

（A）温度、湿度、绝缘表面的脏污程度；（B）温度、绝缘表面的脏污程度；（C）湿度、绝缘表面的脏污程度；（D）温度、湿度。

Jd5A3249 （**B**）绝缘子应定期带电检测"零值"或绝缘电阻。

（A）棒式；（B）悬式；（C）针式；（D）蝴蝶式。

Jd4A1250 单相同容量的电烘箱和电动机，两者的低压熔丝选择原则是（**B**）。

（A）相同；（B）电动机的应大于电烘箱的；（C）电动机的应小于电烘箱的；（D）应按电动机和电烘箱型号而定。

Jd4A2251 下列缺陷中能够由工频耐压试验考核的是（**D**）。

（A）绕组匝间绝缘损伤；（B）高压绕组与高压分接引线之间绝缘薄弱；（C）外绕组相间绝缘距离过小；（D）高压绕组与低压绕组引线之间的绝缘薄弱。

Jd4A3252 发现断路器严重漏油时，应（**C**）。

（A）立即将重合闸停用；（B）立即断开断路器；（C）采取禁止跳闸的措施；（D）立即停止上一级断路器。

Jd3A1253 电磁型操动机构，跳闸线圈动作电压应不高于额定电压的（**C**）。

（A）55%；（B）60%；（C）65%；（D）70%。

Jd3A2254 油浸变压器装有气体继电器时,顶盖应沿气体继电器方向的升高坡度为(**B**)。

(A)1%以下;(B)1%～1.5%;(C)1%～2%;(D)2%～4%。

Jd2A1255 并联电力电容器的补偿方式按安装地点可分为(**D**)。

(A)分散补偿、个别补偿;(B)集中补偿、分散补偿;(C)集中补偿、个别补偿;(D)集中补偿、分散补偿、个别补偿。

Je5A1256 运行中的电容器在运行电压达到额定电压的(**B**)倍时应退出运行。

(A)1.05;(B)1.10;(C)1.15;(D)1.20。

Je5A2257 低压配电装置上的母线,在运行中允许的温升为(**A**)。

(A)30℃;(B)40℃;(C)50℃;(D)60℃。

Je5A3258 新安装的电气设备在投入运行前必须有(**B**)试验报告。

(A)针对性;(B)交接;(C)出厂;(D)预防性。

Je5A4259 接地装置是指(**D**)。

(A)接地引下线;(B)接地引下线和地上与应接地的装置引线;(C)接地体;(D)接地引下线和接地体的总和。

Je5A5260 额定电压为 **380V** 的交流电动机,摇测绝缘电阻时,应选用(**C**)。

(A)5000V 兆欧表;(B)2500V 兆欧表;(C)1000V 兆欧

表；（D）500V 兆欧表。

Je4A1261 测量绕组的直流电阻的目的是（**C**）。
（A）保证设备的温升不超过上限；（B）测量绝缘是否受潮；
（C）判断是否断股或接头接触不良；（D）测量设备绝缘耐压能力。

Je4A2262 中性点不接地系统中单相金属性接地时，其他两相对地电压升高（**B**）。
（A）3 倍；（B）$\sqrt{3}$ 倍；（C）2 倍；（D）5 倍。

Je4A3263 熔断器内填充石英砂，是为了（**A**）。
（A）吸收电弧能量；（B）提高绝缘强度；（C）密封防潮；
（D）隔热防潮。

Je4A4264 10kV 及以上电压等级线路的导线截面被磨损时，在（**A**）范围以内可不作处理。
（A）5%；（B）7%；（C）8%；（D）10%。

Je4A5265 电动机的定子和转子之间的气隙过大，将使磁阻（**A**）。
（A）增大；（B）减小；（C）不变；（D）为 0。

Je4A3266 多油式高压断路器中的油起（**C**）作用。
（A）绝缘；（B）灭弧；（C）绝缘和灭弧；（D）绝缘和冷却。

Je3A1267 有一台三相电动机绕组连成星形，接在线电压为 380V 的电源上，当一相熔丝熔断，其三相绕组的中性点对地电压为（**D**）。

（A）110V；（B）173V；（C）220V；（D）190V。

Je3A1268 **10kV** 室内配电装置，带电部分至接地部分的最小距离为（**D**）mm。

（A）90；（B）100；（C）120；（D）125。

Je3A2269 用蓄电池作电源的直流母线电压应高于额定电压的（**B**）。

（A）2%～3%；（B）3%～5%；（C）1%～5%；（D）5%～8%。

Je3A3270 变压器分接开关接触不良，会使（**A**）不平衡。

（A）三相绕组的直流电阻；（B）三相绕组的泄漏电流；（C）三相电压；（D）三相绕组的接触电阻。

Je3A4271 强迫油循环风冷变压器空载运行时，应至少投入（**B**）组冷却器。

（A）1；（B）2；（C）3；（D）4。

Je3A5272 手车式断路隔离插头检修后，其接触面（**B**）。

（A）应涂润滑油；（B）应涂导电膏；（C）应涂防尘油；（D）不涂任何油质。

Je2A1273 在预防性试验中，用 **QS** 型高压交流电桥测量 **35kV** 及以上电力变压器介质损失时，其值应小于（**A**）。

（A）2%；（B）3%；（C）4%；（D）5%。

Je2A2274 准确测量电气设备导电回路的直流电阻方法是（**B**）。

（A）电桥法；（B）电压降法；（C）欧姆计法；（D）万用表法。

Jf5A1275 三相异步电动机长期使用后，如果轴承磨损导致转子下沉，则带来的后果是（**D**）。

（A）无法起动；（B）转速加快；（C）转速变慢；（D）电流及温升增加。

Jf5A2276 三相异步电动机直接起动的特点是（**D**）。

（A）起动转矩大，起动电流小；（B）起动转矩小，起动电流小；（C）起动转矩大，起动电流大；（D）起动转矩小，起动电流大。

Jf5A3277 高低压线路同杆架设的线路排列规定是（**A**）。

（A）高压在上；（B）低压在上；（C）高、低压在同一横线上；（D）高、低压在同一水平线上垂直排列。

Jf4A1278 装有差动、气体和过电流保护的主变压器，其主保护为（**D**）。

（A）过电流和气体保护；（B）过电流和差动保护；（C）差动、过电流和气体保护；（D）差动和气体保护。

Jf4A2279 光字牌回路属于二次回路中的（**D**）。

（A）电流回路；（B）电压回路；（C）操作回路；（D）信号回路。

Jf3A1280 定时限过流保护的动作值是按躲过线路（**A**）电流整定的。

（A）最大负荷；（B）平均负荷；（C）末端断路；（D）最大故障电流。

Jf3A2281　在三相负荷平衡的前提下，当断开三相三线有功电能表电源侧的 **B** 相电压时，电能表铝盘在单位时间内的转数为正常时的（**A**）。

（A）1/2；（B）3/2；（C）2/3；（D）1/3。

Jf2A1282　发电机在交接验收或全部更换定子绕组及大修后，直流耐压试验电压为额定电压的（**C**）。

（A）10 倍；（B）5 倍；（C）3 倍；（D）2 倍。

Jf2A2283　下列条件中（**B**）是影响变压器直流电阻测量结果的因素。

（A）空气湿度；（B）上层油温；（C）散热条件；（D）油质劣化。

Jf1A1284　从热力学角度来讲，冰蓄冷空调属于（**B**）蓄冷。

（A）显热；　（B）潜热；　（C）交换；　（D）共晶盐。

Jf1A2285　手动投切的电容器组，放电装置应满足电容器的剩余电压降到 50V 以下的时间为（**D**）

（A）3min；（B）4min；（C）7min；（D）5min。

Jf1A3286　金属氧化物避雷器 75%"1mA 电压"下的泄漏电流应不大于（**C**）μA。

（A）25；（B）40；（C）50；（D）100。

La5A1287　供电质量是指频率、电压（**C**）。

（A）电流；（B）电容；（C）供电可靠性；（D）电感。

Jf4A3288　以下不属于计量器具的是（**D**）。

（A）电话计费器；（B）互感器；（C）脉冲计数器；（D）走字台。

Jf4A3289 我国制定电价的原则是统一政策、统一定价、**（D）**。

（A）谐调一致；（B）统一管理；（C）分级定价；（D）分级管理。

Lc5A5290 电力企业应当加强安全生产管理，坚持**（A）**的方针，建立、健全安全生产责任制度。

（A）安全第一、预防为主；（B）安全第一；（C）预防为主；（D）预防为主、安全第一。

Lc3A3291 基波电能表用于记录**（C）**电能。

（A）杂波；（B）谐波；（C）基波；（D）杂波、谐波、基波。

Lb1A2292 工频耐压试验电压应在**（A）**内，由零升至规定值并保持 **1min**。

（A）5～10s；（B）0～10s；（C）30s；（D）10～20s。

Lb2A2293 负荷容量为 **315kVA** 以下的低压计费用户的电能计量装置属于**（D）**类计量装置。

（A）Ⅰ类；（B）Ⅱ类；（C）Ⅲ类；（D）Ⅳ类。

Lb2A3294 下列说法中，正确的是**（A）**。

（A）电能表采用经电压、电流互感器接入方式时，电流、电压互感器的二次侧必须分别接地；（B）电能表采用直接接入方式时，需要增加连接导线的数量；（C）电能表采用直接接入方式时，电流电压互感器二次应接地；（D）电能表采用

63

经电压、电流互感器接入方式时，电能表电流与电压连片应连接。

Lb3A3295　**35kV** 电能计量柜的电压互感器二次应采用（**A**）。

（A）二台接成 Vv 形接线；（B）三台接成 Yy 形接线；（C）三台接成 YNyn 形接线；（D）三台接成 Dd 形接线。

Lb3A3296　电气工作人员在 **10kV** 配电装置中工作，其正常活动范围与带电设备的最小安全距离是（**A**）。

（A）0.35m；（B）0.40m；（C）0.50m；（D）0.45m。

Lb3A3297　对 **10kV** 供电的用户，供电设备计划检修停电次数不应超过（**C**）。

（A）1 次/年；（B）2 次/年；（C）3 次/年；（D）5 次/年。

Lb3A4298　一居民用户 **4** 月份计算电费为 **150** 元，该用户在 **4** 月 **25** 日（每月 **15～20** 日为交费日期）到供电企业缴纳了电费，该用户的需缴纳的违约金为（**B**）。

（A）0.75 元；（B）1 元；（C）2.25 元；（D）1.5 元。

Lb5A3299　在电力系统正常状况下，**220V** 单相供电的用户受电端的供电电压允许偏差为额定值的（**A**）。

（A）+7%，−10%；（B）−7%，+10%；（C）±7%；（D）±10%。

Lc1A1300　《中华人民共和国仲裁法》规定经济合同争议仲裁的期限为（**C**）。

（A）6 个月；（B）1 年；（C）2 年；（D）3 年。

Lb3A4301　供电企业不得委托（**A**）用户向其他用户转

供电。

（A）国防军工；（B）直供电；（C）双路电；（D）有自备发电机。

Lc2A2302 公司、企业、事业单位、机关、团体实施的危害社会的行为，法律规定为（**B**）的，应当负刑事责任。

（A）法人犯罪；（B）单位犯罪；（C）集体犯罪；（D）团体犯罪。

Lb3A4303 电力运行事故由下列原因（**B**）造成的，电力企业不承担赔偿责任。

（A）因供电企业的输配电设备故障；（B）不可抗力；（C）因电力企业的人为责任事故；（D）第三者引起的故障。

Lb3A3304 供用电合同是供用电双方就各自的权利和义务协商一致所形成的（**A**）。

（A）法律文书；（B）协议；（C）承诺；（D）文本。

Lb3A3305 供电企业在计算转供户用电量、最大需量及功率因数调整电费时，应扣除（**D**）。

（A）被转供户公用线路损耗的有功、无功电量；（B）被转供户变压器损耗的有功、无功电量；（C）转供户损耗的有功、无功电量；（D）被转供户公用线路及变压器损耗的有功、无功电量。

Lb3A5306 电力客户在减容期满后，如确需继续办理减容或暂停的，减少或暂停部分容量的基本电费应按（**D**）。

（A）不收；（B）100%；（C）75%；（D）50%。

Lb3A3307 某大工业用户，有 **315kVA** 受电变压器一台，由于变压器故障，该客户要求临时换一台容量为 **400kVA** 变压器，使用 **1** 个月，供电部门应办理（**A**）用电手续。

（A）暂换；（B）减容；（C）暂停；（D）暂拆。

Lb4A3308 　除电网有特殊要求的客户外，在电网高峰负荷时的功率因数应达到 **0.90** 以上的客户是（**A**）。

（A）100kVA 及以上高压供电的客户；（B）100kVA 以下供电的客户；（C）大、中型电力排灌站；（D）趸售转售供电企业。

Lb2A2309 　供电企业收取电能计量装置校验费是属于（**A**）。

（A）国家规定的收费项目；（B）劳务性收费项目；（C）经营性收费项目；（D）理赔性收费项目。

Lb4A3310 　下列情形中，供电企业应减收客户基本电费的是（**D**）。

（A）事故停电；（B）检修停电；（C）计划限电；（D）暂停。

Lc2A2311 　合同无效后，合同中解决争议的条款（**B**）。

（A）也随之无效；（B）有效；（C）视具体情况而定；（D）依当事人约定。

Lb3A4312 　用电检查的主要设备是客户的（**C**）。

（A）供电电源；（B）计量装置；（C）受电装置；（D）继电保护。

Lb3A4313 　在有（**A**）的情况下，供电企业的用电检查人员可不经批准即对客户中止供电，但事后应报告本单位负责人。

（A）不可抗力和紧急避险、窃电；（B）对危害供用电安全，扰乱供用电秩序，拒绝检查者；（C）受电装置经检查不合格，在指定期间未改善者；（D）客户欠费，在规定时间内未缴清者。

4.1.2 判断题

判断下列描述是否正确，对的在括号内打"√"，错的在括号内打"×"。

La5B1001 并联电阻电路的等效电阻等于各并联电阻之和。(×)

La5B1002 在负载为三角形接线的电路中，负载的线电压等于相电压，线电流为相电流的 $\sqrt{3}$ 倍。(√)

La5B2003 在负载为星形接线的电路中，负载的相电压等于线电压，线电流为相电流的 $\sqrt{3}$ 倍。(×)

La5B2004 并联电阻电路的等效电阻的倒数等于各并联电阻值的倒数和。(√)

La5B3005 炼钢冲击负荷工作时引起系统频率偏差允许值为 49～50.2Hz。(×)

La5B3006 交变量在一周期中出现的最大瞬时值叫最大值。(√)

La5B4007 电源是输出电能的设备，负载是消耗电能的设备。(√)

La5B5008 电流的方向规定为正电荷运动的方向。(√)

La4B1009 任意一组对称三相正弦周期量可分解成三组对称分量，即正序、负序和零序分量。(√)

La4B1010 电容器在直流电路中相当于开路，电感相当于短路。(√)

La4B1011 三相四线制供电方式的中性线的作用是：保证负载上的电压对称、保持不变；在负载不平衡时，不致发生电压突然上升或降低；若一相断线，其他两相的电压不变。(√)

La4B2012 在三相电路中，从电源的三个绕组的端头引出三根导线供电，这种供电方式称为三相三线制。(√)

La4B2013 在某段时间内流过电路的总电荷与该段时间

的比值称为有效值。（×）

La4B3014　正弦交流电的三要素是最大值、瞬时值和平均值。（×）

La4B4015　线路的首端电压和末端电压的代数差称作电压偏移。（×）

La4B5016　交流电的频率越高，电感线圈的感抗越大。（√）

La3B1017　励磁电流就是励磁涌流。（×）

La3B1018　电流方向相同的两根平行载流导体会互相排斥。（×）

La3B2019　电力系统空载电流为电阻性电流。（×）

La3B3020　电感和电容并联电路出现并联谐振时，并联电路的端电压与总电流同相位。（√）

La3B4021　电力系统在输送同一功率电能的过程中，电压损耗与电压等级成正比，功率损耗与电压的平方亦成正比。（×）

La3B5022　变压器在空载合闸时的励磁电流基本上是感性电流。（√）

La2B1023　如果将两只电容器在电路中串联起来使用，总电容量会增大。（×）

La2B2024　在任何情况下，变压器空载合闸时都会产生较大的励磁涌流。（×）

La2B3025　电力变压器进行短路试验的目的是求出变压器的短路电流。（×）

La2B4026　绝缘鞋是防止跨步电压触电的基本安全用具。（√）

La2B5027　继电保护装置所用电流互感器的电流误差，不允许超过 10%。（√）

Lb5B1028　断路器关合电流是表示断路器在切断短路电流后，立即合闸再切断短路电流的能力。（√）

Lb5B1029　提高功率因数的唯一方法就是加装电力电容

器。（×）

Lb5B1030 计算统计线损率的两个量是供电量和售电量。（√）

Lb5B1031 电流互感器的误差与其二次负荷的大小有关，当二次负荷小时，误差大。（×）

Lb5B1032 提高用户的功率因数，可以降低线路损耗。（√）

Lb5B1033 在电力系统中，将电气设备和用电装置的中性点、外壳或支架与接地装置用导体做良好的电气连接叫接地。（√）

Lb5B1034 在切断长线路的空载电流时，少油断路器易产生操作过电压。（√）

Lb5B2035 变压器一、二次电压之比等于一、二次绕组匝数之比。（√）

Lb5B2036 当三相短路电流流过母线时，两个边相母线承受的电动力最大。（×）

Lb5B2037 提高用电设备的功率因数对电力系统有好处，用户并不受益。（×）

Lb5B2038 电流通过导体所产生的热量与电流、电阻以及通电的时间成正比。（×）

Lb5B2039 第三人责任致使居民家用电器损坏的，供电企业不负赔偿责任。（√）

Lb5B2040 电阻电炉、电弧电炉、白炽灯等一类电器，所耗有功功率与频率无关。（√）

Lb5B2041 电动机的实际负载率低于40%时，说明这台电动机处于"大马拉小车"状态。（√）

Lb5B2042 负荷代表日，一般选在系统负荷最大的时候。（×）

Lb5B2043 农村电网的自然功率因数较低，负荷又分散，无功补偿应采用分散补偿为主。（√）

Lb5B2044　用电设备的功率因数对线损无影响。（×）

Lb5B2045　负荷率愈高，说明平均负荷愈接近最大负荷，愈好。（√）

Lb5B3046　电动机最经济、最节能的办法是：使其在额定容量的 75%～100%下运行，提高自然功率因数。（√）

Lb5B3047　照明用电线路的电压损失不得超过+5%。（×）

Lb5B3048　单相用电设备应集中在一相或两相上，这样便于计算负荷。（×）

Lb5B3049　引起停电或限电的原因消除后，供电企业应在 4 日内恢复供电。（×）

Lb5B3050　用户提高功率因数对电力系统和用户都有利。（√）

Lb5B3051　直流电阻随温度的增加而减小。（√）

Lb5B3052　漏电保护器的作用主要是防止因漏电引起的间接触电事故，灵敏度较高时也可作为直接触电的后备保护。（×）

Lb5B3053　中性点接地的电力系统或三相负载不平衡场合的计量装置，应采用三相四线有功、无功电能表。（√）

Lb5B3054　统计线损是实际线损，理论线损是技术线损。（√）

Lb5B3055　电力系统的负载一般都是感性负载。（√）

Lb5B3056　当电流互感器一、二次绕组分别在同极性端子通入电流时，它们在铁芯中产生的磁通方向相同，这样的极性称为减极性。（√）

Lb5B3057　平均负荷愈接近最大负荷，则负荷率愈高。（√）

Lb5B4058　当电力系统实际电压比设备额定电压低很多时，用户设备的功率会降低，但危害不大。（×）

Lb5B4059　影响油氧化的主要因素是氧气。（√）

Lb5B4060　采用均方根电流法计算线损，结果比较准确。

（√）

Lb5B5061 电流互感器二次绕组的人为接地属于保护接地，其目的是防止绝缘击穿时二次侧串入高电压，威胁人身和设备安全。（√）

Lb5B5062 触电者未脱离电源前，救护人员不准触及伤员。（√）

Lb4B1063 FS-10 型表示用于额定电压为 10kV 配电系统的阀型避雷器。（√）

Lb4B1064 10kV 及以下三相供电的用户，其受电端的电压变化幅度不超过±7%。（√）

Lb4B1065 变压器绝缘油到了凝固点就不再流动了，因此不利于散热。（√）

Lb4B1066 电气设备的铜、铝接头要做过渡处理。（√）

Lb4B1067 10kV 屋内高压配电装置的带电部分至接地部分的最小安全净距是 125mm。（√）

Lb4B1068 两相不完全星形接线可以反应各种相间短路故障。（√）

Lb4B1069 变比、容量、接线组别相同，短路阻抗为 4%与 5%的两台变压器是不允许并列运行的。（√）

Lb4B2070 双绕组变压器的负载系数，取任一绕组的负载电流标幺值。（√）

Lb4B2071 电流互感器二次回路开路，可能会在二次绕组两端产生高压，危及人身安全。（√）

Lb4B2072 电力网中的电力设备和线路，应装设反应短路故障和异常运行的继电保护和自动装置。（√）

Lb4B2073 容量、变比相同，阻抗电压不一样的两变压器并列运行时，阻抗电压大的负荷大。（×）

Lb4B2074 变压器分接开关上标有Ⅰ、Ⅱ、Ⅲ，现运行于位置Ⅱ，低压侧电压偏高，应将分接开关由Ⅱ调到Ⅲ。（×）

Lb4B2075 经验收的电能计量装置应由验收人员填写验

收报告，注明"计量装置验收合格"或者"计量装置验收不合格"及整改意见，整改后再行验收。（√）

Lb4B2076 多层或高层主体建筑内变电所，宜选用不燃或难燃型变压器。（√）

Lb4B2077 真空断路器在切断感性小电流时，有时会出现很高的操作过电压。（√）

Lb4B2078 绝缘介质在电场作用下，其导电性能用绝缘电阻率 ρ 表示。（√）

Lb4B2079 在测量绝缘电阻和吸收比时，一般应在干燥的晴天，环境温度不低于 5℃ 时进行。（√）

Lb4B2080 在发电厂和变电所中，保护回路和断路器控制回路，不可合用一组单独的熔断器或低压断路器（自动空气开关）。（√）

Lb4B3081 全线敷设电缆的配电线路，一般不装设自动重合闸。（√）

Lb4B3082 《继电保护和安全自动装置技术规程》规定，1kV 以上的架空线路或电缆与架空混合线路，当具有断路器时，应装设自动重合闸装置。（√）

Lb4B3083 电流互感器的一次电流与二次侧负载无关，而变压器的一次电流随着二次侧的负载变化而变化。（√）

Lb4B3084 无时限电流速断保护是一种全线速动保护。（×）

Lb4B3085 测量变压器绕组的直流电阻，是为了检查变压器的分接开关和绕组是否有异常情况。（√）

Lb4B3086 短路阻抗不同的变压器并列运行时，短路阻抗大的变压器分担负荷偏低。（√）

Lb4B3087 变电所进线段过电压保护可使流过变电所内避雷器的雷电流幅值降低，避免避雷器和被保护设备受到雷击的损坏。（√）

Lb4B3088 变压器的输入功率为输出功率与变压器的铜

损耗和铁损耗之和。（√）

Lb4B3089 三相变压器分别以 A，a；X，x；B，b；Y，y；C，c；Z，z 表示同极性端。（√）

Lb4B3090 变压器的铜损耗等于铁损耗时，变压器的效率最低。（×）

Lb4B3091 架空线路的导线，当断股损伤截面占导电部分截面积的 17%，可以进行补修。（×）

Lb4B3092 上下级保护间只要动作时间配合好，就可以保证选择性。（×）

Lb4B4093 加在避雷器两端使其放电的最小工频电压称为工频放电电压。（√）

Lb4B4094 用直流电桥测量变压器绕组直流电阻时，其充电过程中电桥指示电阻值随时间增长不变。（×）

Lb4B4095 断路器的关合电流是指能切断电流非周期分量的最大值，即断路器的动稳定电流值。（√）

Lb4B5096 干式变压器的防雷保护，应选用残压较低的氧化锌避雷器。（×）

Lb4B5097 10kV 变电所和配电所的继电保护用的电流互感器，一次侧电流的选用，一般不超出变压器额定电流的 1.3～1.5 倍。（√）

Lb3B1098 D，yn 型接线的变压器，当在 yn 侧线路上发生接地故障时，在 D 侧线路上将有零序电流流过。（×）

Lb3B1099 金属氧化物避雷器的试验中要求 $0.75V_{1mA}$ 下的泄漏电流不应大于 70μA。（×）

Lb3B1100 变压器接地保护只用来反应变压器内部的接地故障。（×）

Lb3B1101 避雷器的冲击放电电压和残压是表明避雷器保护性能的两个重要指标。（√）

Lb3B2102 并联补偿电力电容器不应装设重合闸。（√）

Lb3B2103 小接地电流系统线路的后备保护，一般采用两

相三继电器式的接线方式，这是为了提高对 Y，d 接线变压器低压侧两相短路的灵敏度。（√）

Lb3B2104 10kV 屋内高压配电装置的带电部分至栅栏的最小安全净距是 100mm。（×）

Lb3B2105 在发生人身触电时，为了解救触电人，可以不经允许而断开有关设备电源。（√）

Lb3B2106 国家开发银行、中国进出口银行、中国农业银行等三家政策性银行，其用电按商业用电类别执行。（×）

Lb3B2107 供用电合同是经济合同中的一种。（√）

Lb3B2108 供电企业在接到居民家用电器损坏投诉后，应在 48h 内派员赴现场进行调查、核实。（×）

Lb3B2109 对同一电网内、同一电压等级、同一用电类别的用户，执行相同的电价标准。（√）

Lb3B3110 有重要负荷的用户在已取得供电企业供给的保安电源后，无需采取其他应急措施。（×）

Lb3B3111 用电检查人员应承担因用电设备不安全引起的任何直接损失和赔偿损失。（×）

Lb3B3112 擅自超过合同约定的容量用电的行为属于窃电行为。（×）

Lb3B3113 窃电时间无法查明时，窃电日至少以三个月计算。（×）

Lb3B3114 由于用户的原因未能如期抄录计费电能表读数时，可通知用户待期补抄或暂按前次用电量计收电费，待下次抄表时一并结清。（√）

Lb3B4115 对损坏家用电器，供电企业不承担被损坏元件的修复责任。（×）

Lb3B4116 雷电时，禁止进行倒闸操作。（√）

Lb3B5117 用户变更用电时，其基本电费按实用天数，每日按全月基本电费的 1/30 计算。（√）

Lb3B5118 减容必须是整台或整组变压器停止或更换小

容量变压器用电。（√）

Lb2B1119 私自超过合同容量用电的，除应拆除私增容量设备外，用户还应交私增容量 50 元/kW 的违约使用电费。（×）

Lb2B2120 对违法违章用电户，供电企业应在停电前 2～5 天内，将停电通知书送达用户。（×）

Lb2B3121 居民用户的家用电器损坏后，超过 7 日还没提出索赔要求的，供电企业不再负赔偿责任。（√）

Lb2B4122 变电所进线段过电压保护，是指在 35kV 及以上电压等级的变电所进出线全线安装避雷线。（×）

Lb2B5123 35kV 及以上供电电压允许偏差为不超过额定电压的 10%。（×）

Lb1B1124 35kV 以上的电缆进线段，要求在电缆与架空线的连接处装设管型避雷器。（×）

Lb1B2125 在选择管型避雷器时，开断续流的上限，考虑非周期分量，不应小于安装处短路电流最大有效值；开断续流的下限，考虑非周期分量，不得大于安装处短路电流的可能最小数值。（√）

Lb1B3126 对于 35kV 以上的变压器，绕组连同套管一起的介质损耗因数 $\tan\delta$ 在 20℃ 时应大于 1.5%。（×）

Lb1B4127 凡电压或电流的波形只要不是标准的正弦波，其中必然包含高次谐波，整流负载和非线性负载是电力系统的谐波源。（√）

Lb1B5128 35kV 及以上公用高压线路供电的，以用户厂界处或用户变电所外第一基电杆为分界点。（√）

Lc5B1129 供电方式按电压等级可分为单相供电方式和三相供电方式。（×）

Lc5B2130 带电设备着火时，可以用干式灭火器、泡沫灭火器灭火。（×）

Lc5B2131 用电检查是对用户用电行为进行的监督检查

活动。（×）

Lc5B2132　用户发生人身伤亡事故应及时向供电企业报告，其他事故自行处理。（×）

Lc5B3133　衡量电能质量的指标是电压、频率和周波。（×）

Lc5B3134　对带电设备应使用干式灭火器、二氧化碳灭火器等灭火，不得使用泡沫灭火器灭火。（√）

Lc5B4135　电气测量工作由两人进行，一人测量，一人记录。（×）

Lc5B5136　当电网频率下降时，家中电风扇的转速会变慢。（√）

Lc4B1137　用户计量装置发生计量错误时，用户可等退补电量算清楚后再交纳电费。（×）

Lc4B2138　电网电压的质量取决于电力系统的无功功率。（√）

Lc4B2139　系统无功功率不足，电网频率就会降低。（×）

Lc4B2140　绝缘基本安全用具能长时间承受电气设备电压，但不要求承受过电压。（×）

Lc4B4141　高压供电方案的有效期限是 2 年。（×）

Lc4B5142　我国电力系统非正常运行时，供电频率允许偏差的最大值为 55Hz，最小值为 49Hz。（×）

Lc3B1143　电网无功功率不足，会造成用户电压偏高。（×）

Lc3B1144　电力系统频率降低，会使电动机的转速降低。（√）

Lc3B2145　无功负荷的静态特性，是指各类无功负荷与频率的变化关系。（√）

Lc3B2146　系统发电功率不足，系统电压就会降低。（×）

Lc3B3147　工作许可人不得签发工作票。（√）

Lc3B4148　经领导批准允许单独巡视高压设备的值班人

员，在巡视高压设备时，根据需要可以移开遮栏。（×）

Lc2B1149 当采用蓄电池组作直流电源时，由浮充电设备引起的波纹系数应大于 5%。（×）

Lc2B2150 管型避雷器开断续流的上限，考虑非周期分量；开断续流的下限，不考虑非周期分量。（√）

Lc2B3151 在进行高压试验时，应采用负极性接线。（√）

Lc2B4152 选择导体截面时，线路电压的损失应满足用电设备正常工作时端电压的要求。（√）

Lc1B1153 高次谐波可能引起电力系统发生谐振现象。（√）

Lc1B2154 对分级绝缘的变压器，保护动作后，应先断开中性点接地的变压器，后断开中性点不接地的变压器。（×）

Lc1B3155 氧化锌避雷器具有动作迅速、通流容量大、残压低、无续流等优点。（√）

Jd5B1156 暂时停止全部或部分受电装置的用电简称暂换。（×）

Jd5B2157 减容的最短期限是三个月，最长期限是不超过两年。（×）

Jd5B3158 国内生产的新型节能灯光效高、显色性好，再配上节能的电子镇流器，比普通荧光灯节电。（√）

Jd4B1159 用直流电桥测量完毕，应先断开检流计按钮，后断开充电按钮，防止自感电动势损坏检流计。（√）

Jd4B2160 按最大需量计收基本电费的用户，可申请部分容量的暂停。（×）

Jd4B3161 负荷预测中中期预测是电力设备建设计划最关键的依据。（√）

Jd3B1162 调整负荷是指根据电力系统的生产特点和各类用户的不同用电规律，有计划地、合理地组织和安排各类用户的用电负荷及用电时间，达到发、供、用电平衡协调。（√）

Jd3B2163 对某段线路来说，它的损失多少除与负荷大小

有关外，与其潮流方向无关。（√）

Jd2B1164 电力负荷控制装置是指能够监视、控制地区和用电客户的用电负荷、电量及用电时间段的各种技术装置，它是实现电网负荷管理现代化的重要技术手段。（√）

Je5B1165 经电流互感器接入的电能表，其电流线圈直接串联在一次回路。（×）

Je5B1166 变压器的交接试验是投运前必须做的试验。（√）

Je5B1167 用熔断器保护的导体和电器可不验算热稳定。（√）

Je5B1168 接地线的规格规程规定为小于 $25mm^2$ 的多股软铜线。（×）

Je5B1169 用户实际功率因数超过标准功率因数时，应对用户减收电费。（√）

Je5B1170 变压器油起导电和散热作用。（×）

Je5B1171 企业非并网自备发电机属企业自己管理，不在用电检查的范围之内。（×）

Je5B1172 高峰负荷是指电网或用户在一天中，每 15min 平均功率的最大值。（×）

Je5B1173 用户擅自改变计量装置的接线，致使电能表计量不准的，称为违约用电。（×）

Je5B1174 在同一变压器供电的低压系统中，根据需要可以一部分设备保护接地，另一部分设备保护接零。（×）

Je5B1175 解决月份之间线损率波动大的主要措施是，提高月末或月末日 24h 抄见电量的比重。（√）

Je5B1176 保护接零的原理是将设备的外壳电压限制为零电位，保证人身安全。（×）

Je5B1177 电气设备的金属外壳采用保护接地或接零，当设备漏电时能减少人身触电的危险。（√）

Je5B1178 低压用户，负荷电流为 50A 以上时，宜采用经

电流互感器接入式的接线方式。（√）

Je5B1179　电力系统安装并联电容器的目的是减少设备对系统无功功率的需求，提高功率因数。（√）

Je5B1180　在中性点接地的 220V 低压系统中，设备保护接地可以有效防止人身触电。（×）

Je5B2181　电流互感器二次绕组串联后，变比扩大一倍。（×）

Je5B2182　用电负荷按用电量的大小，可分为一、二、三级负荷。（×）

Je5B2183　变压器在空载的时候，变压比等于电压比。（√）

Je5B2184　供、售电量统计范围不对口，供电量范围比售电量范围小时，线损率表现为增大。（×）

Je5B2185　日平均负荷曲线峰谷差愈大，说明日负荷率愈高。（×）

Je5B2186　运行中的电容器组投入与退出，应根据电容器的温度和系统电压的情况来决定。（×）

Je5B2187　绕线式三相异步电动机启动时，应将启动变阻器接入转子回路中，然后合上定子绕组电源的断路器。（√）

Je5B2188　电动机过载、断相、欠电压运行都会使绕组内的电流增大，发热量增加。（√）

Je5B2189　校验电流互感器 10% 误差所用的二次计算负载为：电流互感器两端电压除以流过电流互感器绕组的电流。（√）

Je5B2190　用于无功补偿的电力电容器，不允许在 1.3 倍的额定电流下长期运行。（×）

Je5B2191　Ⅰ、Ⅱ类电能计量装置有较大的负误差，即表转慢了，线损率表现为减小。（√）

Je5B2192　当电能表运行在额定最大电流 I_{max} 时，误差一般都不能满足准确度的要求。（×）

Je5B2193　装设热虹吸净油器可防止绝缘油劣化。（√）

Je5B2194 用户在运行过程中 TA 二次侧断线，其更正率为 33.3%。（×）

Je5B2195 冲击性负荷可造成电压骤降。（√）

Je5B3196 变压器油枕上的油位指示计的三条监视线，是指变压器投入运行前在最高、正常和最低环境温度时应达到的油面。（√）

Je5B3197 电力变压器的低压绕组在外面，高压绕组靠近铁芯。（×）

Je5B3198 温度表所指示的温度是变压器中间部位油的温度，一般不允许超过 85℃。（×）

Je5B3199 运行电压过高,会使变压器空载电流增大。（√）

Je5B3200 变压器的效率是输出功率与输入功率之比的百分数。（√）

Je5B3201 变压器容量为 500kVA 的某大工业客户，电价应执行峰谷分时电价,还应执行0.85的功率因数调整电费。（×）

Je5B3202 星形接线的电动机接成三角形不会使其温度升高。（×）

Je5B3203 多路电源供电的用户进线应加装连锁装置或按供用双方协议调度操作。（√）

Je5B3204 继电保护和自动装置应能尽快地切除短路故障和恢复供电。（√）

Je5B4205 Ⅱ类电能计量装置应安装 0.5 或 0.5S 级的有功电能表, 2.0 级的无功电能表; 0.2 级的测量用电压互感器; 0.2S 级的测量用电流互感器。（√）

Je5B4206 自然循环冷却变压器的顶层油温一般不宜经常超过 85℃。（√）

Je5B4207 用兆欧表摇测设备绝缘电阻时，在摇测前后必须对被试设备充分放电。（√）

Je5B4208 三相两元件有功电能表，接入 Ȧ、B 相线电压时，电流应按 C 相电流。（×）

Je5B5209 由于拉、合闸等操作或接地、短路、断线等事故可能引起过电压。（√）

Je5B5210 为避免用户较大容量的同步电动机造成低周保护误动，可在低周保护的跳闸回路中串入电流闭锁的动断触点。（×）

Je4B1211 使用双臂电桥时，要注意四个测量端子的接线正确。（√）

Je4B1212 灭弧电压是指在保证熄灭电弧条件下，允许加在避雷器上的最低工频电压。（×）

Je4B1213 高压电缆停止运行半年以上，在投运前只需测量其绝缘电阻就可投入运行。（×）

Je4B1214 电压互感器的一次侧熔丝熔断后可用普通熔丝代替。（×）

Je4B1215 测量直流电阻时，当被测电阻为 6Ω左右时应选用单臂电桥。（√）

Je4B1216 反时限交流操作过电流保护采用交流电压220V 或 110V 实现故障跳闸的。（×）

Je4B1217 变压器进行短路试验的目的是求出变压器的短路电流。（×）

Je4B1218 测量变压器绕组直流电阻时，测量仪器的准确度不低于 1.0 级。（×）

Je4B1219 过电压继电器是反应电压升高而动作的继电器，其返回系数大于 1。（×）

Je4B1220 双臂电桥在测量电阻时比直流单臂电桥更准确。（√）

Je4B1221 当电流互感器发出大的"嗡嗡"声、所接电流表无指示时，表明电流互感器二次回路已开路。（√）

Je4B1222 有接地监视的电压互感器，正常运行时辅助绕组每相电压为 100V。（×）

Je4B1223 空载变压器合闸瞬间电压正好经过峰值时，其

激磁电流最小。（×）

Je4B1224 运行中的变压器可以从变压器下部阀门补油。（×）

Je4B1225 变压器一次侧熔断器熔丝是作为变压器本身故障的主保护和二次侧出线短路的后备保护。（√）

Je4B2226 冲击试验是一种破坏性试验。（√）

Je4B2227 变压器的空载试验可测出铜损耗，短路试验可测出铁损耗。（×）

Je4B2228 FS 型避雷器在运行中的绝缘电阻不应小于 2500MΩ。（√）

Je4B2229 电流继电器动作后，其触点压力越大，返回系数越高。（√）

Je4B2230 在断路器的操作模拟盘上，红灯亮，表示断路器在合闸位置，并说明合闸回路良好。（×）

Je4B2231 有接地监视的电压互感器在高压熔丝熔断一相时，二次开口三角形两端会产生零序电压。（√）

Je4B2232 低电压闭锁过流保护的动作电流，必须躲过最大负荷电流。（×）

Je4B2233 中性点非有效接地的电网的计量装置，应采用三相三线有功、无功电能表。（√）

Je4B2234 两台变比不同的变压器并列运行后，二次绕组不产生均压环流。（×）

Je4B2235 电缆在直流电压作用下，绝缘中的电压分布按电阻分布。（√）

Je4B2236 在高土壤电阻率的地区装设接地极时，接地极的数量越多，接地电阻越小。（×）

Je4B2237 装有气体继电器的无升高坡度油浸式变压器，安装时应使顶盖沿气体继电器方向有 1%～1.5% 的升高坡度。（√）

Je4B2238 在中性点非直接接地系统中，电压互感器二次

绕组三角开口处并接一个电阻,是为了防止铁磁谐振。(√)

Je4B2239 中性点非直接接地系统空母线送电后,对地容抗很小。(×)

Je4B2240 变压器运行时,有载分接开关的气体保护应接跳闸。(×)

Je4B2241 电压互感器二次回路严禁短路,否则会造成二次熔断器熔断,引起保护误动。(√)

Je4B3242 多绕组设备进行绝缘试验时,非被试绕组应与接地系统绝缘。(×)

Je4B3243 10kV 电缆应做交流耐压试验。(×)

Je4B3244 距避雷针越近,反击电压越大。(√)

Je4B3245 在雷雨季中,线路侧带电可能经常断开的断路器外侧应装设避雷装置。(√)

Je4B3246 交流耐压试验是一种非破坏性试验。(×)

Je4B3247 干式变压器的防雷保护,宜选用阀式避雷器。(×)

Je4B3248 在中性点非直接接地系统中,电压互感器合在空母线上时,绝缘监视装置可能动作。(√)

Je4B3249 真空式断路器切断容性负载时,一般不会产生很大的操作过电压。(√)

Je4B3250 无载调压可以减少或避免电压大幅度波动,减少高峰、低谷电压差。(×)

Je4B4251 在中性点非直接接地系统中,有接地监视的电压互感器合在空母线上时有时会出现铁磁谐振现象。(√)

Je4B4252 即使变压器运行电压过高也不会出现高次谐波。(×)

Je4B4253 中性点经消弧线圈接地系统普遍采用过补偿运行方式。(√)

Je4B4254 型号为 JDJ-10 的电压互感器,是单相双绕组油浸式电压互感器,一次侧额定电压 10kV。(√)

Je4B5255 管型避雷器是由外部放电间隙、内部放电间隙和消弧管三个主要部分组成。（√）

Je4B5256 封闭组合电器（GIS）中 SF_6 气体的作用是灭弧和绝缘。（√）

Je3B1257 管型避雷器的灭弧能力决定于通过避雷器的电流大小。（√）

Je3B1258 当冲击雷电流流过避雷器时，新生成的电压降称为残余电压。（√）

Je3B1259 差动保护允许接入差动保护的电流互感器的二次绕组单独接地。（×）

Je3B1260 高次谐波不会影响计量装置的准确性。（×）

Je3B1261 D，y11 接线的变压器采用差动保护时，电流互感器亦应按 D，y11 接线。（×）

Je3B2262 变压器电压等级为 35kV 及以上、且容量在 4000kVA 及以上时，应测量吸收比。（√）

Je3B2263 强迫油循环水冷和风冷变压器，一般应在开动冷却装置后，才允许带负荷运行。（√）

Je3B2264 独立避雷针（线）宜设独立的接地装置，其接地电阻不宜超过 4Ω。（×）

Je3B2265 变压器在运行中补油，补油前应将气体（重瓦斯）保护改接信号，补油后应立即恢复至跳闸位置。（×）

Je3B2266 变压器的二次电流对一次电流主磁通起助磁作用。（×）

Je3B2267 使用欠补偿方式的消弧线圈分接头，当增加线路长度时应先投入线路后再提高分接头。（√）

Je3B2268 电磁式电压互感器开口三角绕组加装电阻，可限制铁磁谐振现象。（√）

Je3B2269 变压器差动保护动作时，只跳变压器一次侧断路器。（×）

Je3B4270 为了检查差动保护躲过励磁涌流的性能，在差动保护第一次投运时，必须对变压器进行五次冲击合闸试验。
（√）

Je3B4271 在正常运行情况下，当电压互感器二次回路断线或其他故障能使保护装置误动作时，应装设断线闭锁装置。
（√）

Je3B4272 电压互感器二次回路故障，可能会使反映电压、电流之间的相位关系的保护误动。（√）

Je3B5273 变压器差动保护所用的电流互感器均应采用三角形接线。（×）

Je2B1274 独立避雷针与电气设备在空中的距离必须不小于 5m。（√）

Je2B1275 避雷针可安装在变压器的门型构架上。（×）

Je2B2276 为保证安全，Y，d11 接线组别的变压器差动保护用电流互感器二次侧均应分别接地。（×）

Je2B3277 分级绝缘变压器用熔断器保护时，其中性点必须直接接地。（√）

Je2B4278 在大接地电流系统中，线路发生接地故障时，保护安装处的零序电压距故障点越远就越高。（×）

Je2B5279 双母线系统的两组电压互感器并列运行时，应先并二次侧。（×）

Je1B1280 差动保护应用电流互感器的 D 级。（√）

Je1B2281 110kV 及以下电压等级的系统是以防护外过电压为主；110kV 及以上电压等级的系统是以防护内过电压为主。
（√）

Je1B3282 零序电流保护不反应电网的正常负荷、振荡和相间短路。（√）

Je1B4283 电弧炼钢炉所引起的高次谐波，在熔化初期及熔解期，高次谐波较少；在冶炼期，高次谐波较多。（×）

Je1B5284 现场做 110kV 电压等级的变压器交流耐压时，可用变压比来估算其数值。（×）

Je1B5285 当被试品本身电容量较大时，可采用串并联谐振法进行交流耐压试验。（√）

Jf5B1286 当采用安全超低压供电时，可以不再采取其他的防触电措施。（×）

Jf5B2287 全电子式多功能电能表只能显示累积的和本月的用电量。（×）

Jf4B1288 需求侧资源是指用户潜在的节电资源。（√）

Jf4B2289 年最大负荷利用小时数 T_{max} 愈大，愈说明工厂负荷不均匀。（×）

Jf3B1290 无线电负荷控制器的功率定值，是可以由控制中心发指令进行改变的。（√）

Jf2B1291 要大力推广使用电热锅炉、蓄冰（冷）式集中型电力空调。（√）

Lb4B2292 出现计量差错，在退补电量未正式确定前，用户可暂不交付电费，待处理后一并结算电费。（×）

Lb4B2293 接到客户报修时，应详细询问故障情况，如判断属客户内部故障，应立即通知抢修部门前去处理。（×）

Lb3B2294 电力监督检查人员进行监督检查时，有权向电力企业或者用户了解有关执行电力法律、行政法规的情况。查阅有关资料，并有权进入现场进行检查。（√）

Lb3B3295 用电检查的主要范围是用户的计量装置及用户、车间和用户的电气装置。（×）

Lb4B3296 居民家用电器因电力运行事故造成损坏的，从损坏之日起十五天内，向供电企业提出索赔要求，供电企业都应受理。（×）

Lb4B3297 供电企业接到用户发生用电事故报告后，应派员赴现场调查，并在 7 天内提出事故协助调查报告。（√）

Lc2B1298 《合同法》所称不可抗力，是指不能预见、不能避免并不能克服的客观情况。（√）

Lb4B1299 除居民用户外的其他用户跨年度欠费部分，每

日按欠费总额的 2‰ 计算电费违约金。（×）

Lb3B2300　第三人责任致使居民用户家用电器损坏的，供电企业应协助受害居民用户向第三人索赔，并可比照《居民用户家用电器损坏处理办法》进行处理。（√）

Lb3B1301　因抢险救灾需要紧急供电时，供电企业必须尽速安排供电。但是抗旱用电应当由用户交付电费。（√）

Lb3B3302　非法占用变电设施用地、输电线路走廊或电缆通道的，由供电企业责令限期改正，逾期不改正的，强制清除障碍。（×）

Jb3B3303　用户受电工程的设计文件，未经供电企业审核同意，用户不得据以施工，否则，供电企业将不予检验和接电。（√）

Lb3B3304　对危害供电、用电安全和扰乱供电、用电秩序的，供电企业有权制止，停止供电或罚款。（×）

Lb4B2305　不属于电力运行事故责任损坏或未损坏的元件，受害居民用户也要求更换时，所发生的元件购置费与修理费应由提出要求者负担。（√）

Lb4B2306　在发供电系统正常情况下，供电企业应连续向用户供应电力，但是对危害供电安全，扰乱供电秩序，拒绝检查者，不经批准即可中止供电，但事后应报告单位负责人。（×）

Lb4B2307　用户认为供电企业装设的计费电能表不准时，只要向供电企业提出校验申请，供电企业应在十天内校验并将检验结果通知用户。（×）

Lb4B2308　供电营业区内的供电营业机构，对本营业区内的用户有按照国家规定供电的义务，不得违反国家规定对其营业区内的申请用电的单位和个人拒绝供电。（√）

Lb2B2309　供用电双方在合同中订有电力运行事故责任条款的，由于供电企业电力运行事故造成用户停电时，供电企业应按用户在停电时间内可能用电量的电度电费的五倍（单一制电价为四倍）给予赔偿。（√）

Jb3B2310　在电气设备上工作时若须变更或增加安全措施者，只要在工作票上填加或修改有关内容。（×）

Jb3B1311　用钳形电流表在高压回路上测量时，只要作好安全措施就可以用导线从钳形电流表另接表计测量。（×）

Lb3B1312　在室内配电装置上，由于硬母线上的油漆不影响挂接地线的效果，因此可以直接挂接地线。（×）

Jb2B2313　在带电作业过程中如设备突然停电，作业人员应视设备仍然带电。工作负责人应尽快与调度联系，调度未与工作负责人取得联系前不得强送电。（√）

Jb2B2314　工作标签发人不得兼任该项工作的工作负责人。工作负责人可以填写工作票。（√）

Jb2B2315　如施工设备属于同一电压，位于同一楼层，同时停送电，且不会触及带电导线时，则允许在几个电气连接部分共用一张工作票。（√）

Jb2B1316　验电时，必须用电压等级适合而且合格的验电器，在检修设备进出线两侧各相分别验电。（√）

Jb3B2317　低压带电作业应设专人监护，使用有绝缘柄的工具，工作时站在绝缘台或绝缘毯（垫）上，戴好安全帽和穿长袖衣裤，就可工作。（×）

Lb3B3318　严禁同时接触未接通的或已断开的导线两个断头，以防人体串入电路。（√）

Jb4B3319　在一经合闸即可送电到工作地点的开关和刀闸的操作把手上，均应悬"禁止合闸，有人工作"的标示牌。（√）

Lb2B2320　任何运用中的星形接线设备的中性点，必须视为带电设备。（√）

Lb3B3321　在带电设备周围严禁使用钢卷尺、皮卷尺和夹有金属丝的线尺进行测量工作。（√）

Lb3B2322　装设接地线必须由两人进行，应先接接地端，后接导体端，拆接地线的顺序与此相反，装、拆接地线时可不必戴绝缘手套。（×）

Lb3B2323 一次事故中如同时发生人身伤亡事故和设备事故，应分别各定为一次事故。（√）

Lb3B2324 在停电的低压电动机和照明回路上工作，至少由两人进行，可用口头联系。（√）

Lb3B4325 表示设备断开和允许进入间隔的信号，经常接入的电压表等，不得作为设备无电压的根据，但如果指示有电则禁止在该设备上工作。（√）

Lb4B2326 低压带电作业，上杆前应先分清火、地线，选好工作位置，断开导线时，应先断开地线，后断开火线。（×）

Lb1B2327 FS 型避雷器的绝缘电阻应大于 250MΩ。（×）

Jb2B2328 插座的安全高度一般居室、托儿所、小学校，不应低于 1.8m。（√）

Jb2B1329 单台电动机的功率，不宜超过配电变压器容量的 50%。（×）

Jb2B3330 铜与铝母线连接时，在干燥室内铜导体搪锡；特别潮湿的室内应使用铜铝过渡接头。（×）

Jb2B3331 农村中采用 TT 系统的低压电网，应装设漏电总保护和漏电末级保护。（√）

Jb3B3332 农村中室外电动机的操作开关可装在附近墙上，并做好防雨措施。（×）

Jb3B3333 接户线每根导线接头不可多于 2 个，但必须使用相同型号的导线相连接。（×）

Jb3B2334 线路上的熔断器或柱上断路器掉闸时，可直接试送。（×）

Jb2B2335 对额定电压为 0.6/1kV 的电缆线路可用 1000V 或 2500V 绝缘电阻表测量导体对地绝缘电阻代替直流耐压试验。（√）

Jb2B3336 对电力电缆在直流耐压试验过程中，当试验电压升至规定值时，便可测量泄漏电流。（×）

Jb1B2337 除自容式充油电缆线路外，其他电缆线路停电

超过一年的电缆线路必须作常规的直流耐压试验。（√）

Jb1B2338 耐压试验，是检验设备大修安装后或搬运过程中，绝缘是否完好的主要试验项目，属于破坏性试验。（√）

Lb4B1339 衡量电网电能质量的指标，通常是指电压、频率和波形的质量。（√）

Lb2B1340 允许中断供电时间为 15s 以上的供电，可选用快速自启动的发电机组作为应急电源。（√）

Jb2B1341 在 TN-C 系统中，应装设将三相相线和 PEN 线同时断开的开关设备。（×）

Jb2B2342 在同一管道里有几个电气回路时，管道内的每一绝缘导线应采用与其标称电压回路绝缘相同的绝缘。（×）

Jb2B2343 应急电源与正常电源之间必须采取防止并列运行的措施。（√）

Jb2B3344 低压电容器组应设放电装置，使电容器组两端的电压从额定电压值降至 50V 所需的时间不应大于 1min。（×）

Jb2B2345 低压配电装置的长度大于 6m 时，其柜后通道应设两个出口，而两个出口间的距离超过 15m 时，尚应增加出口。（×）

Lb3B2346 企业非并网自备发电机属企业自己管理，不在用电检查的范围之内。（×）

Lb4B2347 国家电网公司"三个十条"中承诺：提供 24h 电力故障报修服务，供电抢修人员到达现场的时间一般不超过：城区范围 45min；农村地区 90min；特殊边远地区 2h。（√）

Lb4B2348 技术（理论）线损不可能降到零，而统计线损却有可能降到负值。（√）

Lb3B2349 按最大需量收取基本电费的客户，有两路及以上进线的，应安装总表计算最大需量。（√）

Lb3B3350 以变压器容量计算基本电费的用户，其备用的变压器属热备用状态的或未经加封的，不论使用与否都计收基本电费。（√）

4.1.3 简答题

La5C1001　什么是正弦交流电的相位、初相位和相位差？

答：在正弦电压表达数字式中（$\omega t+\varphi$）是一个角度，也是时间函数，对应于确定的时间 t 就有一个确定的电角度，说明交流电在这段时间内变化了多少电角度。所以（$\omega t+\varphi$）是表示正弦交流电变化过程中的一个量，称为相位。

正弦量起始时间的相位称为初相角，即 $t=0$ 时的相位。

两个频率相等的正弦交流电的相位之差，称为相位差。

La5C1002　对称三相电源的有何特点？

答：它的特点有：

（1）对称三相电动势最大值相等、角频率相同、彼此间相位差 $120°$。

（2）三相对称电动势的相量和等于零。

（3）三相对称电动势在任意瞬间的代数和等于零。

La5C2003　什么叫感抗？

答：交流电流流过具有电感的电路时，电感有阻碍交流电流过的作用，这种作用叫感抗，以符号 X_L 表示，单位为Ω。感抗在数值上等于电感 L 乘以频率的 2π 倍，

即

$$X_L=2\pi f L$$

La5C2004　什么叫供电频率？供电频率的允许偏差是多少？

答：发电机发出的正弦交流电在每秒中交变的次数称为频率。我国国家标准供电频率为 50Hz。

电力系统供电频率的允许偏差根据装机容量分为两种情

况：

（1）装机容量在 300 万 kW 及以上的，为±0.2Hz。

（2）装机容量在 300 万 kW 以下的，为±0.5Hz。

La5C2005　什么叫容抗？

答：交流电流过具有电容的电路时，电容有阻碍交流电流过的作用，这种作用叫做容抗，以符号 X_C 表示，单位为Ω。容抗在数值上等于 2π 与电容 C 与频率乘积的倒数，即

$$X_C = \frac{1}{2\pi fC}$$

La5C2006　电力系统为何需要投入电容？

答：电力系统中的负载大部分是感性的，依靠磁场传送能量，因此这些设备在运行过程中不仅消耗有功功率，而且需一定量的无功功率。这些无功功率如由发电机供给，将影响发电机的有功出力，对电力系统亦造成电能损失和电压损失，设备利用率也相应降低。因此要采取措施提高电力系统功率因数，补偿无功损耗，这就需要投入电容。

La5C2007　什么叫功率因数？

答：在交流电路中，电压与电流之间的相位差（φ）的余弦叫做功率因数。用符号 $\cos\varphi$ 表示。在数值上是有功功率和视在功率的比值，即

$$\cos\varphi = \frac{P}{S}$$

La5C3008　电力电容器的集中补偿和分散补偿的优缺点是什么？

答：集中补偿的优点是利用率高，能减少该变电所系统的无功损耗；缺点是不能减少出线的无功负荷。

分散补偿有两种形式：即个别补偿和分组补偿。

个别补偿：用于和用电设备并联。其优点是补偿彻底、减少干线和分支线的无功负荷；缺点是利用率低、投资大些。

分组补偿：装在车间配电所母线上。其优点是利用率高、能减少线路和变压器的无功负荷并根据负荷投入和切除；缺点是不能减少支线的无功负荷。

La5C3009　什么是星形连接的三相三线制供电和三相四线制供电？

答：将发电机三相绕组末端 x、y、z 连接成一公共点，以 0 表示，从三个始端 A、B、C 分别引出三根与负载相连的导线称为相线，这种连接方式称为星形连接。从电源中性点 0 引出一根与负载中性点相接的导线叫中性线。有中性线星形连接的三相制供电叫三相四线制供电，无中性线星形连接的三相制供电叫三相三线制供电。

La5C3010　什么叫有功功率？

答：在交流电路中，电阻所消耗的功率，称为有功功率，以字母 P 表示。它的单位是 W 或 kW。

La5C3011　什么是供电质量？

答：供电质量包括供电频率质量、电压质量和供电可靠性三方面。供电频率质量以频率波动偏差来衡量；供电电压质量以用户受电端的电压变动幅度来衡量；供电可靠性以对用户每年停电的时间或次数来衡量。

La5C3012　什么是全电路欧姆定律？

答：全电路欧姆定律是用来说明在一个闭合电路中电压、电流、电阻之间的基本关系，即在一个闭合电路中，电流 I 与电源的电动势 E 成正比，与电源内阻 R_0 和外阻 R 之和成反比，

用公式表示为

$$I = \frac{E}{R + R_0}$$

La5C4013　什么是电流的经济密度？

答：电流的经济密度是指当输电线路单位导线截面上通过这一电流时，使输电线路的建设投资、电能损耗和运行维护费用等综合起来最经济的一个指标，而且是一个很重要的经济指标。

La5C5014　运行中电流互感器二次侧开路时，其感应电动势大小与哪些因素有关？

答：二次绕组开路时，其感应电动势的大小与下列因素有关。

（1）与开路时的一次电流值有关。一次电流越大，其二次感应电动势越高。

（2）与互感器变比有关，变比越大，其二次绕组匝数也多，其感应电动势越高。

（3）与电流互感器励磁电流的大小有关，励磁电流与额定电流比值越大，其感应电动势越高。

La4C1015　什么叫 PN 结？为什么说 PN 结具有单向导电性？

答：P 型半导体和 N 型半导体用特殊工艺结合在一起时，由于多数载流子扩散的结果，在交界的薄层内形成一个空间电荷区，P 区则带正电，N 区则带负电，称为 PN 结。

当 PN 结加正电压时，PN 结变薄，扩散加强，多数载流子不断流迁，PN 结形成较大的正向电流。当 PN 结加反向电压时，PN 结变厚，多数载流子扩散受阻，只有少数载流子因漂移作用形成微弱的反向电流。所以，PN 结具有单向导电性。

La4C1016 SF$_6$作熄弧绝缘有何优点？

答：SF$_6$是化学元素 S$_2$ 和 F 合成的一种化学气体，比空气重 5 倍，是无色、无臭、无毒、不燃的惰性气体。SF$_6$ 分子具有很强的负电性，能吸附电子形成惰性离子 SF$_6$，这样 SF$_6$ 气体不存在自由电子，所以绝缘性能良好，且具有高温导热性及捕捉电子能力强的功能，在电弧熄灭后能很快恢复绝缘，所以SF$_6$ 灭弧能力比空气大 100 倍。

La4C2017 什么是正序、负序和零序？

答：分析任意一组相量，可分解为三组对称相量。

一组为正序分量，其大小相等、相位互差 120°，其相序是顺时针方向旋转的。

一组为负序分量，其大小相等、相位互差 120°，其相序是逆时针方向旋转的。

另一组为零序分量，其大小相等、相位一致。

La4C2018 电力系统中性点接地方式有几种？其适用范围和作用如何？

答：中性点接地方式有三种。

（1）中性点不接地系统：6～10kV 系统中性点是不接地的。当发生单相金属性接地时，三相系统的对称性被破坏，系统还可运行，但非接地相电压达到线电压，这要求系统绝缘必须按线电压设计。

（2）中性点经消弧线圈接地系统：在 30～60kV 系统中采用。这个系统容量较大，线路较长。当单相接地电流大于某一值时，接地电弧不能自行熄灭，可能发生危险的间歇性过电压，采用消弧线圈接地可以补偿接地时的电容电流，使故障点接地电流减少，电弧可以自行熄灭，避免了电弧过电压的产生。

（3）中性点直接接地系统：110kV 及以上系统采用，主要考虑绝缘投资较少。

La4C2019　什么叫反击过电压？有何危害？如何防止？

答：接地导体由于接地电阻过大，通过雷电流时，地电位可升高很多，反过来向带电导体放电，而使避雷针附近的电气设备过电压，叫做反击过电压。

这过高的电位，作用在线路或设备上可使绝缘击穿。

为了限制接地导体电位升高，避雷针必须接地良好，接地电阻合格，并与设备保持一定距离；避雷针与变配电设备空间距离不得小于 5m；避雷针的接地网之间的地中距离应大于 3m。

La4C3020　三相电压互感器二次熔丝熔断一相时电压表如何指示？

答：如 A 相熔丝断，其电压指示情况如下。

BC 相电压正常，AC 相电压等于 AB 相电压，等于 1/2 BC 相电压。

La4C3021　什么是串联谐振？其特点是什么？

答：在电阻、电感、电容的串联电路中，出现电路端电压和总电流同相位的现象，叫串联谐振。

它的特点是：电路呈纯电阻性，端电压和总电流同相位，电抗 X 等于零，阻抗 Z 等于电阻 R。此时，电路的阻抗最小、电流最大，在电感和电容上可能产生比电源电压大很多倍的高电压，因此串联谐振也称电压谐振。

La4C3022　什么是最大运行方式？什么是最小运行方式？

答：最大运行方式，是指在最大运行方式运行时，具有最小的短路阻抗值，发生短路时产生的短路电流最大。

最小运行方式，是指在最小运行方式运行时，具有最大的短路阻抗值，发生短路后产生的短路电流最小。

La4C3023　什么是并联谐振？其特点是什么？

答：在电阻、电感、电容的并联电路中，出现电路端电压和总电流同相位的现象，叫并联谐振。

它的特点是：并联谐振是一种完全的补偿，电源无需提供无功功率，只提供电阻所需的有功功率；谐振时，电路的总电流最小，而支路的电流往往大于电路的总电流，因此，并联谐振也称电流谐振。

发生并联谐振时，在电感和电容元件中会流过很大的电流，因此会造成电路的熔丝熔断或烧毁电气设备等事故。

La3C1024　产生铁磁谐振过电压的原因是什么？

答：由于铁磁元件的磁路饱和，从而造成非线性励磁特性而引起铁磁谐振过电压。通常，系统中铁磁元件处于额定电压下，其铁芯中磁通处于未饱和状态，激磁电感是线性的。由于电压的作用，使铁磁元件上的电压大大升高，这时通过铁磁元件线圈的电流远超过额定值，铁芯达到饱和而呈非线性。因此在一定条件下，它与系统电容组成振荡回路，就可能激发起持续时间的铁磁谐振，引起过电压。

La3C1025　110kV 以上电压等级的变压器中性点接地极，为什么不能与避雷针的接地极直接连接？

答：当独立避雷针受雷击时，会在接地电阻和避雷针本身的电感上产生电压降，并可能达到很大幅值，对附近电气设备将引起反击现象，所以避雷针接地装置与变压器中性点之间，必须保持一定的距离，否则在地中也可能发生击穿。该距离应满足

$$S_d \geqslant 0.3 R_{ch}$$

式中　S_d——避雷针接地装置与变压器中性点间距离，一般不小于 3m；

　　　R_{ch}——独立避雷针的冲击接地电阻，Ω。

La3C2026 在什么情况下采用三相差动保护？什么情况下采用两相差动保护？

答：按题意回答如下。

（1）对于所有升压变压器及 15 000kVA 以上降压变压器一律采用三相三继电器差动保护。

（2）10 000kVA 以下降压变压器，采用两相三继电器接线，但对其中 Yd11 接线的双绕组变压器，如灵敏度足够，可采用两相两继电器差动保护。

（3）对单台运行的 7500kVA 以上降压变压器，若无备用电源时，采用三相三继电器差动保护。

La2C1027 高次谐波对并联电容器有什么影响？

答：高次谐波电压叠加在基波电压上，不仅使电容器的运行电压有效值增大，而且使其峰值电压增加更多，致使电容器因过负荷而发热，导致电容器过热损坏，同时电容器对高次谐波电流有放大作用，可将 5～7 次谐波放大 2～5 倍，有时甚至高达 10～20 倍，因此，不仅要考虑谐波对电容器的影响，还需考虑被电容器放大的谐波，会影响电网安全。

La1C1028 Dy11 接线的变压器采用差动保护时，电流互感器二次侧应为何接线？为什么？

答：Dy11 接线的变压器采用差动保护时，应该是高压侧电流互感器二次侧是星形接线，低压侧电流互感器二次侧是三角形接线。

因为 Dy11 接线的变压器，其两侧电流间有 30° 的相位差，如不用以上接线方法，差动回路中将出现不平衡电流，为了消除这不平衡电流，所以高压侧接成星形，低压侧接成三角形，这样可以把电流互感器二次侧电流相位校正过来，这就保证了差动保护的灵敏度和选择性。

Lb5C1029　选择电流互感器有哪些要求？

答：其要求如下：

（1）电流互感器的额定电压应与运行电压相同。

（2）根据预计负荷电流，选择电流互感器的变比，一般应在实际运行电流的 25%～100% 范围内变化。

（3）二次侧双绕组的电流互感器，其准确度高的二次绕组供计量用，另一组则供继电保护用。

（4）根据运行方式、继电保护方式和使用环境、地点等条件，选择相应的电流互感器型号和台数。

（5）应满足动稳定和热稳定的要求。

Lb5C2030　供用电合同规定有哪些内容？

答：供用电合同应当具备以下条款。

（1）供电方式、供电质量和供电时间。

（2）用电容量和用电地址、用电性质。

（3）计量方式和电价、电费结算方式。

（4）供用电设施维护责任划分。

（5）合同有效期限。

（6）违约责任。

（7）双方共同认为应该约定的其他条款。

Lb5C2031　为什么电流互感器二次侧不能开路？

答：当运行中电流互感器二次侧开路后，一次侧电流仍然不变，二次侧电流等于零，则二次电流产生的去磁磁通也消失了。这时，一次电流全部变成励磁电流，使互感器铁芯饱和，磁通也很高，将产生以下后果：

（1）由于磁通饱和，其二次侧将产生数千伏高压，且波形改变，对人身和设备造成危害。

（2）由于铁芯磁通饱和，使铁芯损耗增加，产生高热，会损坏绝缘。

（3）将在铁芯中产生剩磁，使互感器比差和角差增大，失去准确性，所以电流互感器二次侧是不允许开路的。

Lb5C3032　降低线损的具体措施有哪些？

答：线损与电网结构、运行方式及负荷性质有关，所以应采取以下措施。

（1）减少变压层次，因变压器愈多有功损失越多。

（2）合理调整变压器台数，根据负荷情况可尽量减少运行变压器。

（3）调整不合理的线路布局，减少迂回线路。

（4）提高负荷的功率因数，尽量使无功就地平衡。

（5）经常进行线路和用电普查，防止电能意外流失。

（6）合理运行调度，及时掌握有功和无功负载潮流，做到经济运行。

（7）统计电量应精确，同时对计量装置应保证精度。

Lb5C3033　电网中可能发生哪些类型的短路？

答：电网发生的短路可分两大类。

（1）对称短路：即三相短路，三相同时在一点发生的短路，由于短路回路三相阻抗相等，因此三相电流和电压，仍然是对称的，故称对称短路。

（2）不对称短路：短路后使三相回路有不对称的短路形式，电网在同一地点发生不对称短路主要有以下几种。

1）两相短路。

2）单相接地短路。

3）两相接地短路。

电网中也有可能在不同地点同时发生短路，这主要是发生在中性点不接地系统中。

Lb5C3034　电流互感器二次接线有几种方式？

答：电流互感器二次接线有五种方式：使用两个互感器时有 V 形接线和差接线；使用三个互感器时有星形接线、三角形接线、零序接线。根据不同使用情况采用不同接线方式。

Lb5C3035　怎样选择电流互感器？

答：选择电流互感器时应考虑以下内容。

（1）一次额定电流在运行电流的 20%～120%的范围内。

（2）电流互感器的一次额定电压和运行电压相同。

（3）注意使二次负载所消耗的功率不超过额定负载。

（4）根据系统的供电方式，选择互感器的台数和满足继电保护方式的要求。

（5）根据测量的目的和保护方式的要求，选择其准确度等级。

Lb5C3036　什么是大电流接地系统？什么是小电流接地系统？其接地电阻值有何要求？

答：大电流接地系统：指中性点直接接地系统，如 110kV 及以上电压等级。其接地电阻值要求为 $R \leqslant 0.5\Omega$。

小电流接地系统：指中性点非直接接地系统，主要是指 110kV 以下的电压等级。其接地电阻值要求为 $R \leqslant 4 \sim 10\Omega$。

Lb5C3037　什么叫接触电压、跨步电压？

答：当接地电流流过接地装置时，在大地表面形成分布电位，如果在地面离设备水平距离为 0.8m 的地方与沿设备外壳垂直向上距离为 1.8m 处的两点被人触及，则人体承受一个电压，称为接触电压。

地面上水平距离为 0.8m 的两点有电位差，如果人体两脚接触该两点，则在人体上将承受电压，称为跨步电压。

Lb5C3038　用电负荷分几类？如何分类？

答: 按用电负荷在政治上和经济上造成损失或影响的程度，分为三类。

一类负荷：中断供电将造成重大损失者，如重大设备损坏、大量产品报废、人身伤亡；中断供电将造成重大政治、经济影响者，如交通枢纽，重要通信等。

二类负荷：中断供电将造成较大设备损坏、产品报废、连续生产过程打乱需在较长时间才能恢复或大量减产者；中断供电将影响用电单位的正常工作或使公共场所造成混乱者。

三类负荷：除以上一、二类负荷外的一般负荷。

Lb5C4039　什么是接地装置？

答： 电气设备的接地体和接地线的总称为接地装置。

接地体：埋入地中并直接与大地接触的金属导体。

接地线：电气设备金属外壳与接地体相连接的导体。

Lb5C4040　怎样提高负荷率？

答： 提高负荷率主要是压低高峰负荷和提高平均负荷，使两者之差尽量的小。负荷率的高低与生产班制和用电性质有关，一般工厂调整负荷措施如下。

（1）调整大容量用电设备时间，避开高峰。

（2）错开各车间的上、下班时间。

（3）调整生产班次。

（4）实行计划用电，把高峰指标下达到车间、班组。

Lb5C5041　隔离开关的作用如何？

答： 它的主要作用是隔离电源，便于检修和切换电源。

它没有灭弧装置，只能通断较小电流而不能断开负荷电流。这种开关具有明显的断开点，有足够的绝缘能力，以保障人身和设备的安全。

Lb4C1042　什么叫变压器的不平衡电流？有何影响？

答：变压器不平衡电流是单相负载造成的，三相分配不均匀常数使三相负载不对称，使三相电流不对称，影响三相阻抗压降不对称、二次侧三相电压也不对称。这对变压器和电气设备均为不利，更重要的是 Yyn0 接线变压器，零线将出现电流，使中性点产生位移，其中电流大的一相，电压下降，其他两相电压上升，严重时会烧坏设备。

Lb4C1043　运行时电压过高对变压器有何影响？

答：在加入变压器的电压高于额定电压时，铁芯的饱和程度增加，会使电压和磁通的波形发生严重畸变，变压器空载电流增大，铁芯饱和后电压波形中的高次谐波值大大增加，这时的影响如下。

（1）引起用户电流波形畸变，增加电机和线路上的附加损耗。

（2）可能在系统中造成谐波共振现象，并导致过电压，使绝缘损坏。

（3）线路中电流的高次谐波会对通信线路产生影响，干扰通信正常进行。

Lb4C2044　两台变压器容量和变比一样，阻抗不同，并列时负荷是如何分配的？

答：阻抗电压不一样时，并列运行的负荷分配与短路电压成反比，即阻抗大的一台变压器负荷小，另一台可能超载。

Lb4C2045　变压器并列运行应满足哪些条件？

答：必须满足以下条件：

（1）接线组别相同。

（2）变比差值不得超过±0.5%。

（3）短路电压值不得超过 10%。

（4）两台并列变压器容量比不宜超过 3:1。

Lb4C2046 中性点非直接接地系统中、若采用两相式过流保护，则在同一系统中发生单相两点接地时，为什么过流保护有时动作有时不动作？

答：其可能的原因如下。

（1）如果在同一系统中，两条线路发生异相两点接地，造成两相短路，两条线路可同时跳闸。

（2）两条线路发生同相两点接地，因未造成两相接地短路，所以两条线路均不跳闸。

Lb4C3047 电压互感器二次回路故障对继电保护有什么影响？

答：二次电压回路故障对保护的影响如下。

（1）接入继电器电压线圈的电压消失，此时低电压继电器、阻抗继电器会发生误动作。

（2）接入继电器的电压在数值上和相位上发生畸变，对于反映电压和电流相位关系的保护，如电流方向保护可能会误动作。

Lb4C3048 各种防雷接地装置的工频接地电阻最大值是多少？

答：按规程规定不大于下列数值。

（1）变电所独立避雷针为 10Ω。

（2）变电所进线架上避雷针为 10Ω。

（3）变电所架空线路上所装管型避雷器为 10Ω。

（4）与母线连接但与旋转电机有关的避雷器为 5Ω。

（5）20kV 以上电压等级的架空线路交叉杆上的管型避雷器及 35～110kV 架空线路及木杆上的管形避雷器为 15Ω。

（6）上述处所装设的放电间隙为 25Ω。

Lb4C3049 过电压有哪些类型？是如何产生的？

答：雷电突然加到电网称为大气过电压或外部过电压。

运行人员操作引起或其他原因、电磁振荡而产生的过电压，为内部过电压。

大气过电压可分直击雷和感应雷过电压，内过电压则分为操作过电压、弧光接地过电压和电磁谐振过电压。

过电压的产生，均是由于电力系统的电磁能量发生瞬间突变而引起的。

Lb4C3050 双电源用户一般应遵守哪几种规定？

答：应遵守以下规定。

（1）电源进线开关必须装设可靠的连锁装置，防止向电网反送电。

（2）主、备电源应采用手动切换，如用自投，应取得供电部门批准。

（3）双电源用户必须制订安全运行制度和操作程序，并有专人管理。

（4）应与供电部门签订调度协议。

（5）在投入运行前，必须核对相位。

（6）应明确主电源与备用电源，正常情况下应使用主电源。

Lb4C4051 为什么变压器的低压绕组在里边而高压绕组在外边？

答：这主要是从绝缘上考虑，理论上无论绕组如何放置一样起变压作用。但是，因为变压器铁芯是接地的，低压绕组靠近铁芯从绝缘角度容易做到。如将高压绕组靠近铁芯，由于绕组电压高达到绝缘要求就需要加强绝缘材料和较大的绝缘距离，这就增加了绕组的体积和材料的浪费。其次，由于变压器的电压调节是靠改变高压绕组匝数来达到的，因此高压绕组应安置在外边，而且做抽头、引出线也比较容易。

Lb4C4052　高压熔断器在电路中的作用原理如何？

答：熔断器是电路或设备的保护元件。用于小负载配电线路和配电变压器的短路和过载保护。

当短路电流流过熔断器时，将热元件本身加热熔断，从而使电路切断，以达到保护的目的。

Lb4C5053　变配电室有哪些基本要求？

答：一般应满足以下条件。

（1）耐火等级不应低于一级。

（2）应采用砖结构，钢筋混凝土平顶屋面、并有倾斜坡度和排水设施，且有隔热层。

（3）变压器室门采用铁门，配电室长度大于 7m 时应两端开门，其宽度和长度应方便设备出入。

（4）变压器室不应有窗，通风口采用金属百叶窗，其内侧加金属网，网孔不大于 10mm×10mm。配电室的窗在开关柜的后方底部，采用不开启式，外侧加护网。

Lb3C1054　有载调压与无载调压有何区别？

答：无载调压需要停电才能进行，且调压范围小，还减少了送电时间，对特殊用电满足不了要求。

有载调压能自动根据电网电压变化而自动调整电压，不需停电进行调压，适合特殊用户的用电需求。

Lb3C2055　什么是开关柜的五防功能？

答：开关柜的五防功能是保证人身安全和防止误操作的重要措施。它包括以下内容。

（1）防止带负荷拉、合隔离开关。

（2）防止误跳、合断路器。

（3）防止带电挂接地线。

（4）防止带地线合隔离开关。

（5）防止误入带电间隔。

Lb3C3056 两台变压器变比不同，短路电压比超过 10%，组别亦不同，如果并列运行后果如何？

答：产生的后果如下。

（1）变比不同：则其二次电压大小不等，二次绕组回路中产生环流，它不仅占有变压器容量，也增加变压器损耗。

（2）短路电压比超过 10%：其负荷的分配与短路电压成反比，短路电压小的变压器将超载运行，另一台变压器只有很小负载。

（3）接线组别不同：将在二次绕组中出现大的电压差，会产生几倍于额定电流的循环电流，致使变压器烧坏。

Lb3C4057 变压器差动保护的基本原理如何？

答：变压器的差动保护是由变压器的一次和二次电流的数值和相位进行比较而构成的保护装置。

它由变压器两侧的电流互感器和差动继电器组成。在正常情况下，保护区外侧短路时，一次和二次电流数值和相位均相同，保护不动作；而当保护区内发生故障时，一次和二次电流及相位产生差值，这时有电流流过差动继电器，继电器动作而跳开断路器，起到保护作用。

Lb3C5058 对变压器做短路试验的目的是什么？

答：短路试验的目的是测量变压器的铜损耗。试验时将低压绕组短路，在高压侧加电压，使电流达到额定值。这时变压器的铜损耗相当于额定负载的铜损耗。一次侧所加电压，叫做变压器的短路电压，它与额定电压之比的百分数，即为变压器的阻抗电压。

Lb2C1059 谐波对电网有何危害？

答：电网中有了谐波电流，会造成电压正弦波畸变，使电压质量下降，给发、供、用电设备、用电计量、继电保护等带来危害，成为污染电网的公害。谐波还会使电网中感性负载产生过电压、容性负载产生过电流，对安全运行带来危害。

Lb2C2060　自备电厂申请并入电网应具备哪些条件？

答：应具备以下条件。

（1）发电机组因不并网不能稳定运行的。

（2）在技术和供电可靠性方面，自备机组并网有显著作用，经供电部门认可者。

（3）并网采取准同期方式，并设置同期检定和非同期闭锁装置。

（4）对电网输送电能的，应在其联络线上分别装设单向输出、输入的有功及无功电能表。

Lb2C3061　中性点非直接接地系统中，电压互感器二次绕组三角开口处并接一个电阻的作用是什么？

答：电磁式电压互感器接在非直接接地系统中，由于某种原因可能造成系统中感抗等于容抗，使系统发生铁磁谐振，将危及系统安全。在其绕组三角开口处并接一个电阻是限制铁磁谐振的有效措施，因为谐振的电流幅值大小与谐振回路中负荷的有功分量有关，当有功分量一定时，就可起到阻尼作用，有效的限制了谐振，所以规定在开口三角处并接一个电阻。

Lb2C4062　电力系统中限制短路电流的方法有哪些？

答：一般用以下方法和措施。

（1）合理选择主接线和运行方式，以增大系统中阻抗，减小短路电流。

（2）加装限流电抗器限制短路电流。

（3）采用分裂低压绕组变压器，由于分裂低压绕组变压器在正常工作和低压侧短路时，电抗值不同，从而限制短路电流。

Lb1C1063　哪些用电设备运行中会出现高次谐波？有何危害？

答：产生谐波的设备有：

（1）电弧炉产生的电弧，是不稳定、不规则、不平衡地变动着的负荷，而产生高次谐波。

（2）硅二极管、晶闸管等大容量静止型变换器，它不仅作为电解、电力机车、电镀的电源，并用作电机控制的变频装置电源，是主要的谐波源。

高次谐波超过限度时，会引起发电机、变压器、电动机损耗增大，产生过热。高次谐波电压可能引起设备异常振动、继电保护误动、计量误差增大、晶闸管装置失控，还会影响通信质量等。高次谐波电流、电压，更容易使电力电容器产生过负荷和谐振，致使其损坏。

Lb1C2064　电力系统为什么会发生振荡？

答：电力系统的振荡与系统中导线对地分布电容的容抗 X_C 和电压互感器并联运行的综合电感的感抗 X_L 有关，一般会出现三种形式。

（1）当感抗 X_L 和容抗 X_C 比值较小时，发生的谐振是分频谐振，过电压倍数较低，一般不超过 2.5 倍的相电压。

（2）当 X_C 和 X_L 的比值较大时，发生的是高频谐振，过电压的倍数较高。

（3）当 X_C 和 X_L 的比值在分频和高频之间，接近 50Hz 时，为基频谐振，其特点是两相电压升高，一相电压降低，线电压基本不变，过电压倍数不到 3.2 倍，过电流却很大。

Lb1C3065　哪些设备会产生谐波？

答：产生谐波的设备主要有冶金、化工、电气化铁路及其他换流设备，非线性用电设备，都是谐波源。尤其严重的是硅整流、可控硅换流的设备以及电弧炉、电焊机等。

Lc5C1066　电源缺相时对电动机的启动和运行有何危害？

答：三相异步电动机断一相电源时，将无法启动。转子左右摆动有强烈的"嗡嗡"声，若在运行中缺相时，虽电动机仍能继续转动，但出力大大降低。这时定子磁场变了，其中正向旋转磁场继续旋转，但转矩降低了；而反向旋转磁场产生了反向制动转矩，它抵消了部分正向旋转，故又使电磁转矩降低许多，这时引起电动机过热等，甚至烧坏。

Lc5C2067　弹簧操动机构有何特点？

答：与电磁操动机构比较，其最大特点是可实现交流操作，不需复杂的直流设备，这对简化设备提供了条件，因此得到广泛的应用。

Lc5C3068　什么是生产备用电源？

答：属于一级或二级负荷的用电单位，均可申请备用电源，以备主电源发生故障时启用备用电源，防止经济上造成重大损失或产品大量报废。

备用电源又分全备用和保安电源。全备用是生产用电的所有设备，均符合一级或二级负荷标准。保安电源则只是保证部分重要生产设备为一级或二级负荷的生产设备。

Lc5C3069　电力系统无功不平衡有何危害？

答：电力系统无功不平衡，即电力系统的无功电源总和与系统的无功负荷总和不相等，会引起系统电压的变化。它的危害如下。

（1）无功功率不足的危害：会引起系统电压下降，其后果是系统有功功率不能充分利用、影响用户用电、损坏用户设备、使产品质量下降，严重的电压下降可导致电网崩溃和大面积停电事故。

（2）无功功率过剩的危害：会引起电压升高，影响系统和广大用户用电设备的运行安全，同时增加电能损耗。

Lc5C3070　电力系统中性点接地方式有哪几种？

答：有以下三种。

（1）中性点不接地系统。

（2）中性点经消弧线圈接地系统。

（3）中性点直接接地系统。

Lc5C4071　变、配电所电气主接线的基本要求是什么？

答：应满足以下要求。

（1）根据需要保证供用电的可靠性和电能质量。

（2）接线简单、运行灵活，还应为发展留有余地。

（3）操作方便，便于维护检修，不致因检修局部设备而全部停电。

（4）必须在经济上合理，使投资和年运行费用最少。

Lc5C5072　什么是经济合同的标的？供用电合同的标的是什么？

答：经济合同的标的，是经济合同当事人双方权利和义务共同指的对象。标的是订立经济合同的目的和前提，因此关于标的规定必须明确、具体，不能笼统、含糊不清，且要符合国家法律、政策或计划的要求。

供用电合同的标的是电能。

Lc4C1073　预防性试验所测高压设备的绝缘数据，根据什么原则作出结论？

答：用试验取得的各项绝缘数据，对绝缘分析判断的原则如下。

（1）对数据进行可靠性整理，做到数据的准确性。

（2）把整理后的数据与现行规程、标准进行比较，与历次的试验数据进行比较，与同类型数据进行比较，在此基础上根据运行情况作出结论。

Lc4C1074　输电线路自动重合闸的作用是什么？

答：输电线路，特别是架空线路的故障大多数属于瞬时性故障，如绝缘子闪络、线路对树枝放电、大风引起碰线等。这些故障在线路断电后，电弧熄灭，绝缘强度会自动恢复到故障前水平。为了在这种情况下不造成线路停电，在继电保护动作跳闸后，利用自动重合闸装置，将跳闸的断路器重新合上，仍可继续供电，从而提高供电的可靠性。

Lc4C1075　避雷器是如何工作的？

答：避雷器通常接在导线和地之间，与被保护设备并联。当被保护设备在正常工作电压下运行时，避雷器不动作，即对地视为断路。一旦出现过电压，且危及被保护设备绝缘时，避雷器立即动作，将高电压冲击电流导向大地，从而限制电压幅值，保护电气设备绝缘。当过电压消失后，避雷器迅速恢复原状，使系统能够正常供电。

Lc4C2076　对继电保护装置有哪些基本要求？

答：对其基本要求如下。

（1）选择性：能在规定的范围内切除故障电流。

（2）快速性：能快速切除故障点，以缩小事故范围。

（3）灵敏性：对不正常的运行有足够的反映能力。

（4）可靠性：保护装置应经常处于准备动作状态，在发生事故时不应拒动，同时也不应误动作。

Lc4C2077 变压器在投入前为什么要做冲击合闸试验？

答：为了检验变压器绝缘强度能否承受额定电压或运行中操作过电压，需要在变压器投入运行时进行数次冲击合闸试验。此外空载变压器投入电网时，会产生励磁涌流，其值一般可达 6~8 倍额定电流，经 0.5~1s 后即减到 0.25~0.5 倍的额定电流。由于励磁涌流会产生很大电动力，所以冲击合闸试验是为了考验变压器的机械强度和继电保护动作的可靠性程度。

Lc4C2078 什么是定限时保护？

答：继电保护的动作时间固定不变，与短路电流的数值无关，称为定时限保护。它的时限是由时间继电器获得，只要发生故障，它在规定的时限内切断故障电流。

Lc4C2079 什么是反时限保护？

答：是指继电保护的动作时间与短路电流的大小成反比，即短路电流越大，保护动作时间越短，反之则时间越长。

Lc4C2080 选择高压电气设备应满足哪些基本条件？

答：应满足以下基本条件。

（1）绝缘安全可靠：既要长期承受工频最高工作电压，又要能承受内部过电压和外部过电压。

（2）在额定电流下长期工作，其温升应合乎标准，且有一定的短时过载能力。

（3）能承受短路电流的热效应和电动力而不致损坏。

（4）开关电器设备，应能安全可靠地关、合规定电流。

（5）户外设备应能承受自然条件的作用而不致受损。

Lc4C3081 为什么将 A 级绝缘变压器绕组的温升规定为 65℃。

答：变压器在运行中要产生铁损和铜损，这两部分损耗全部转化为热量，使铁芯和绕组发热、绝缘老化，影响变压器的使用寿命，因此国标规定变压器绕组的绝缘多采用 A 级绝缘，规定了绕组的温升为 65℃。

Lc4C4082　阀型避雷器在运行中突然爆炸有哪些原因？

答：其原因如下。

（1）在中性点不接地系统中发生单相接地时，长时间承受线电压的情况下，可能使避雷器爆炸。

（2）在发生铁磁谐振过电压时，可能使避雷器放电而损坏内部元件而引起爆炸。

（3）当避雷器受击时，由于火花间隙灭弧性能差承受不住恢复电压而击穿时，则电弧重燃工频续流将再度出现，这样将会因间隙多次重燃使阀片电阻烧坏引起爆炸。

（4）避雷器阀片电阻不合格，残压虽然低了但续流增大了，间隙不能灭弧，阀片长时间通过续流烧毁引起爆炸。

（5）避雷器瓷套管密封不良，受潮或进水时引起爆炸。

Lc4C5083　分裂电抗器有何优点？

答：分裂电抗器中间带有抽头，因此它有两个支路有电磁联系，在正常情况下，所呈现的电抗值较小，压降也小。当其任何一个支路短路时，电抗值变大，从而能有效地限制短路电流。

Lc3C3084　高压电缆在投入运行前应做哪些试验？

答：投入运行前的电缆应做以下项目的试验。

（1）绝缘电阻测量。

（2）直流耐压试验。

（3）检查电缆线路的相位。

（4）泄漏电流测量。

（5）充油电缆的绝缘油试验。

Lc2C1085 电力系统中出现内过电压的类型和原因是什么?

答：内过电压的种类不少，其产生的基本原因是电弧引起和谐振造成的。

电弧引起的过电压如下。

（1）中性点绝缘系统中，单相间隙接地引起。

（2）切断空载长线路和电容负荷时，开关电弧重燃引起。

（3）切断空载变压器，由电弧强制熄灭引起的。

谐振引起的过电压如下。

（1）不对称开、断负载，引起基波谐振过电压。

（2）中性点绝缘系统中，电磁式电压互感器引起的铁磁谐振过电压。

（3）由空载变压器和空载线路，引起的高次谐波铁磁谐振过电压。

（4）采用电容串联和并联补偿时，所产生的分频谐振过电压。

（5）中性点直接接地系统中非全相运行时，电压互感器引起的分频谐振过电压。

Lc2C2086 阀型避雷器特性数据有哪些?

答：以 10kV 为例，其特性数据如下。

（1）额定电压：10kV。

（2）灭弧电压：12.7kV。

（3）工频放电电压：其下限为 26kV、上限为 31kV。

（4）冲击放电电压：不大于 56kV。

（5）残压：不大于 47kV。

Lc1C1087 系统发生铁磁谐振时是什么现象和后果?

答：当电力系统出现谐振时，将出现几倍至几十倍额定电压的过电压和过电流，瓷绝缘子放电，绝缘子、套管等的铁件出现电晕，电压互感器一次熔断器熔断，严重时将损坏设备。

Jd5C1088　变压器的温度计是监视哪部分温度的？监视这个温度有何意义？

答：变压器的温度计是直接监视变压器上层油温的。因为上层油温比中下层油温高。所以通过监视上层油温来控制变压器绕组的最高温度。因而保证变压器绕组温度不超过允许值，也就保证了变压器的使用寿命和安全运行。

Jd5C2089　对私自增加用电设备容量的违约行为应如何处理？

答：私自超过合同约定容量用电的，除应拆除私增设备外，属于两部电价的用户应补交私增设备容量使用月数的基本电费，并承担三倍私增容量基本电费的违约使用电费。其他用户应承担私增容量每千伏安（千瓦）50 元的违约使用电费，如用户要求继续使用者按新装增容办理手续。

Jd5C3090　低压空气断路器在故障跳闸后应如何处理？

答：断路器故障跳闸后，首先检查分析故障原因，并检查外观有否喷出金属细粒，灭弧罩有否烧坏。如有上述现象，则应拆下灭弧罩进行触头检查，检修或更换清扫灭弧罩。如故障不严重，则在允许送电情况下继续合闸运行，不必立即检修。

Jd5C3091　低压空气断路器有哪些脱扣器？其作用如何？

答：按题意回答如下。

（1）分励脱扣器：用于远距离跳闸的，是短时工作的。

（2）欠压脱扣器：是在线圈端电压降低 35%～70% 范围内脱扣，是长时间工作的。

（3）过流脱扣器：是在工作电流超过整定值时，使断路器跳闸。

Jd5C3092　电能表是怎样工作的?

答：当电能表接入电路时，电压线圈两端加上电源电压，电流线圈通过负载电流，此时电压线圈和电流线圈产生的主磁通穿过铝盘，在铝盘上便有三个磁通的作用，共产生三个涡流，这三个涡流与三个磁通相互作用，产生转矩，驱动铝盘旋转，并带动计数器计量电能的消耗。

Jd5C3093　如何正确操作隔离开关?

答：应按如下所列操作。

（1）应选好方位，操作时动作迅速。

（2）拉、合后，应查看是否在适当位置。

（3）严禁带负荷拉、合隔离开关。

Jd5C3094　架空线路定期巡视的内容有哪些?

答：有如下内容。

（1）查明沿线有否可能影响线路安全运行的各种状况。

（2）巡查杆塔有无异常。

（3）巡查导线和避雷线有无断股、锈蚀、过热等。

（4）巡查绝缘子有无异常状况。

（5）巡查拉线是否断股、锈蚀。

（6）防雷设施有无异状。

Jd5C4095　母线为什么要涂相色漆?

答：涂相色漆一方面可以增加热辐射能力，另外一方面是为了便于区分母线的相别及直流母线的极性。同时还能防止母线腐蚀。

按规定：三相交流母线是：U 相涂黄色、V 相涂绿色、W相涂红色；中性线不接地的涂紫色、接地的涂黑色。

Jd5C4096 母线哪些部位不准涂漆？

答：下列各处不准涂漆。

（1）母线各部连接处及距离连接处 10mm 以内处。

（2）间隔内的硬母线留出 50～70mm，以便于挂临时接地线。

（3）涂有温度漆处。

Jd5C5097 什么原因会使运行中电流互感器发生不正常音响或过热、冒烟现象？

答：过负荷、二次侧开路以及绝缘损坏发生放电等，均会产生异常音响或过热。此外，半导体涂刷不均匀形成内部电晕以及夹铁螺丝松动等也会使电流互感器产生较大音响。

Jd4C1098 操作跌落式熔断器时应注意什么问题？

答：应注意以下几点。

（1）操作时应戴上防护镜，避免弧光灼伤眼睛。

（2）选择好便于操作的方位，操作时果断迅速，用力适度。

（3）合闸时，应先合两侧，后合中相。拉开时，应先拉中相，后拉两边相。

Jd4C2099 变压器的安装有哪些基本要求？

答：其基本要求如下。

（1）安装位置应首先考虑运行、检修方便。

（2）变压器外壳与门、壁的净距：10kV 及以下距门不小于1m；距壁不小于 0.8m；在装有开关时，其操作方向应留有 1.2m 宽度。

（3）安装在室内的变压器，宽面推进时低压侧向外，窄面推进时油枕向外。

（4）变压器基础铁轨应水平，800kVA 及以上油浸变压器，应使其顶盖沿气体继电器的方向有 1%～1.5%的升高坡度。

（5）变压器一、二次引线，不应使变压器套管承受外加应力。

Jd4C3100 运行中的配电变压器的正常巡查有哪些项目？

答：其巡查项目如下。

（1）音响应正常。

（2）油位应在油位线上，外壳清洁、无渗漏现象。

（3）油温应正常，不应超过 85℃。

（4）负荷正常。

（5）引线不应过松、过紧，应接触良好。

（6）有气体继电器时，查其油位是否正常。

Jd4C3101 运行中的变压器在有哪些异常情况时应退出运行？

答：在如下一些情况应退出运行。

（1）变压器内部音响很大，有严重的放电声。

（2）在正常冷却条件下，变压器温度不正常或不断上升。

（3）防爆管爆破或油枕冒油。

（4）油色变化过甚，油内出现炭质。

（5）套管有严重的破裂和放电现象。

（6）出现接头过热、喷油、冒烟。

Jd4C3102 变压器绕组绝缘损坏的原因有哪些？

答：通常损坏的原因有以下几点。

（1）线路的短路故障和负荷的急剧多变，使变压器电流超过额定电流的几倍或几十倍，这时绕组受到很大的电磁力矩的作用而发生位移或变形；另外，由于电流急增，使绕组温度迅速增高，而使绝缘损坏。

（2）变压器长时间过负荷运行，绕组产生高温损坏绝缘，造成匝间、层间短路。

（3）绕组绝缘受潮，将造成匝间短路。

（4）绕组接头和分接开关接触不良，会引起发热，损坏局部绝缘，造成匝间、层间短路或接头断路。

（5）变压器的停送电和雷击波使绝缘因过电压而损坏。

Jd4C4103　变压器套管表面脏污和出现裂纹有何危害？

答：套管表面脏污容易发生闪络，当线路遇有雷电或操作过电压时，即引起闪络，这时将引起跳闸。

套管裂纹会使电抗强度降低，因有了裂纹，裂纹中充满空气，而空气的介电系数小，瓷套管的介电系数大，电场强度分布与物质的介电系数有关。所以裂纹中的电场强度大到一定值时，空气就被游离，引起局部放电甚至击穿。若裂纹中进入水分，结冰时，可将套管胀裂。

Jd4C5104　有气体继电器的变压器安装有何要求？

答：装有气体继电器的变压器，要求变压器顶盖沿气体继电器的方向有 1%～1.5%的升高坡度，由变压器至油枕的油管以变压器上盖为准，应为 2%～4%的升高坡度，油阀应在油枕与气体继电器之间。

Jd4C4105　对运行中 10kV 避雷器应巡视哪些内容？

答：应巡视以下内容。

（1）瓷套管是否完整。

（2）导线和引下线有无烧伤痕迹和断股现象。

（3）避雷器上帽引线处密封是否严密。

（4）瓷套管表面有无严重污秽。

Jd3C1106　三绕组变压器倒一次侧分接开关与倒二次侧分接开关的作用和区别是什么？

答：改变一次侧分接开关位置，能改变二、三次侧的电压。改变二次侧分接开关的位置，只能改变二次侧电压。如果只是低压侧需要调整电压，而中压侧仍需维持原来的电压，这时除改变一次侧分接开关位置外，还需改变中压侧分接开关位置。

Jd3C2107　运行中断路器有哪些维护要求？

答：有以下几点要求。

（1）母线连接点，应每年检查一次，对温度过高的应进行处理。

（2）断路器在开、合四次短路电流后，应拆开检查其触点，要定期检查油箱内油的颜色。

（3）传动机构要经常保持灵活。

Jd2C1108　变压器安装有载调压有何意义？

答：这种变压器用于电压质量要求较严的处所，还可加装自动调整、检测控制部分，它可随时保证电压质量合格。

它的意义在于能带负荷调整电压，调整范围大，可减少电压的波动，减少高峰低谷的电压差；如安装有电容器时，还可充分发挥电容器的作用。

Jd2C2109　季节性反事故措施有哪些内容？

答：有如下内容。

（1）冬春严寒季节：以防寒、防冻及防小动物为主要内容的大检查、大清扫。对室内外注油设备查看是否渗漏、缺油及清洁状况；对室内门窗、电缆沟查看是否完好、密封；对所有瓷绝缘进行一次清扫。

（2）雷雨夏秋季节：防雷防漏和迎高峰的设备大检查。对防雷和接地装置进行检查、试验；对高压设备的绝缘状况进行分析，是否按周期试验；对设备缺陷是否处理完毕。

（3）以上内容工作完后，都应做好记载。

Jd1C1110　什么是电流互感器的减极性？为什么要测量互感器的大小极性？

答：电流互感器的极性是指其一次电流和二次电流方向的关系。当一次电流由首端 L1 流入，从尾端 L2 流出，感应的二次电流从首端 K1 流出，从尾端 K2 流入，它们在铁芯中产生的磁通方向相同，这时电流互感器为减极性。

测量电流互感器的大小极性，是为了防止接线错误、继电保护误动作、计量不准确。

Je5C1111　运行中交流接触器应进行哪些检查？

答：应有以下检查。

（1）负载电流是否在交流接触器额定电流值内。

（2）接触器的分、合闸信号指示是否与运行相符。

（3）接触器灭弧室内有无因接触不良而发生放电声。

（4）接触器的合闸吸引线圈有无过热现象，电磁铁上短路环有否脱出和损伤现象。

（5）接触器与母线或出线的连接点有无过热现象。

（6）辅助触点有无烧蚀现象。

（7）灭弧罩有否松动和损裂现象等。

Je5C1112　电气设备的铜、铝接头为什么要做过渡处理？

答：在配电装置中，铜与铝的连接，其接触面应采取过渡措施，否则，其接触面因电流作用而氧化，使接触电阻增大，严重时会导致接头发热造成事故。

铜和铝是两种化学活泼性不同的金属，铝比铜活泼，当两种金属接触在一起时，铝易失去电子，又遇空气中的水和二氧化碳，成为负极，铜不易失去电子成为正极，这就形成了源电池，造成化学腐蚀，铜铝接触面产生氧化层，接触电阻不断增大导致接头发热甚至烧坏事故。

Je5C1113 三相交流供电线路在穿金属管时，为什么不能采用单相分管穿线？

答：若采用单根相线穿管，由于金属管是闭合的导磁回路，会使金属管内的感应磁通随导线中流过的电流的增大而增大，造成金属管中产生涡流和感应电压，使金属管发热，威胁线路安全运行，而且还增加了线路电能损耗。

Je5C2114 变压器油枕有什么作用？

答：其作用主要是避免油箱中的油与空气接触，以防油氧化变质，渗入水分，降低绝缘性能。

Je5C2115 电压过高或过低时对三相异步电动机启动有何影响？

答：当电源频率一定时，电源电压的高低，将直接影响电动机的启动性能。

当电源电压过低时，定子绕组所产生的磁场减弱，由于电磁转矩与电源电压的平方成正比，所以造成启动困难。

当电源电压过高时，会使定子电流增加，导致定子绕组过热甚至烧坏。

Je5C2116 用户窃电量如何确定？

答：按下列规定确定：

（1）在供电企业的供电设施上，擅自接线用电的，所窃电量按私接设备额定容量乘以实际使用时间计算确定。

（2）其他行为窃电的，所窃电量按计费电能表标定电流值所指容量乘以实际窃电时间计算确定。

（3）窃电时间无法查明时，窃电日数至少以 180 天计算。每日窃电时间，电力用户按 12h 计算，照明用户按 6h 计算。

Je5C3117 三相异步电动机有哪几种启动方法？

答：有三种启动方法：

（1）直接启动：在额定电压下启动，这时启动电流一般为5～7倍额定电流，只有在变压器容量足够大时才允许启动。

（2）降压启动：使用降压设备以减少启动电流，待电机接近额定转速时，再转换到额定电压下运行。

（3）在转子回路中串入附加电阻启动：绕线式电动机使用这种方法，它可减小启动电流又可使启动转矩增大。

Je5C3118　新装电容器投入运行前应做哪些检查？

答：应做如下检查。

（1）电气试验应符合标准，外观完好。

（2）各部件连接可靠。

（3）检查放电装置是否可靠合格。

（4）检查保护与监视回路完整。

（5）电容器的开关符合要求。

Je5C3119　电动操作机构的断路器在什么情况下可用手动操作？

答：手动合闸机构合闸时，在不受操作力大小和操作熟练程度的影响时允许用杠杆手动操作，否则是不允许的。因为如操作力不足很可能在电动力的作用下，使断路器合不上，造成电弧长时间燃烧，以致断路器损坏甚至爆炸，还可能造成人身伤亡事故。

Je5C3120　如何帮助用户提高功率因数？

答：提高功率因数有两种方法，一是自然改善，二是加补偿装置。自然功率因数的高低，取决于负荷性质，一般采取以下技术措施。

（1）减少大马拉小车现象，提高设备使用效率。

（2）调整负荷，提高设备利用率。

（3）利用新技术，加强设备维护。

虽然采取了以上技术措施，往往是达不到理想的标准，所以还须加装补偿装置，即安装电力电容器，根据功率因数的高低，加装适量的电力电容器，这是比较经济和卓有实效的一种方法。

Je5C3121　哪些行为被认为是违约用电行为？

答： 以下行为被认为是违约用电行为。

（1）擅自改变用电类别。

（2）擅自超过合同约定的容量用电。

（3）擅自超过计划分配的用电指标。

（4）擅自使用已经在供电企业办理暂停使用手续的电力设备或擅自启用已经被供电企业查封的电力设备。

（5）擅自迁移、更动或擅自操作供电企业的用电计量装置、电力负荷控制装置、供电设施以及约定由供电企业调度的用户受电设备。

（6）未经供电企业许可，擅自引入、供出电源或者将自备电源擅自并网。

Je5C4122　对窃电行为应如何处理？

答： 应做如下处理。

（1）现场检查确认有窃电行为的，在现场予以制止，并可当场中止供电，并依法追补电费和收取补交电费3倍的违约电费。

（2）拒绝接受处理的，供电企业及时报请电力管理部门处理。

（3）妨碍、阻碍、抗拒查处窃电行为，违反治安规定，情节严重的，报请公安机关予以治安处罚。

（4）对构成犯罪的，供电企业提请司法机关追究刑事责任。

Je5C4123　哪些行为被认为是窃电行为？

答：窃电行为包括以下各项。

（1）在供电企业的供电设施上，擅自接线用电。

（2）绕越供电企业的用电计量装置用电。

（3）伪造或者开启法定的或者授权的计量检定机构加封的用电计量装置封印用电的。

（4）故意损坏供电企业用电计量装置。

（5）故意使供电企业的用电计量装置不准或者失效。

（6）采用其他方法窃电者。

Je5C5124　电价共分几大类？大宗工业电力电价是怎样规定的？

答：现行电价有八大类。

（1）照明电价。

（2）非工业电价。

（3）普通工业电价。

（4）大工业电价。

（5）农业生产电价。

（6）趸售电价。

（7）省、自治区、直辖市电网间互供电价。

（8）其他电价。

以上前六类有具体电价，而后两种只有计价原则或说明。

大宗工业电力电价，即两部制电价，由基本电费和流动电费组成，并按功率因数调整电费。

Je4C1125　10kV 配电装置中，室内带电部分至栅栏间最小安全距离是多少？

答：在 10kV 配电装置中，室内带电部分至栅栏间最小安全距离是 875mm。

Je4C1126 电压互感器投入运行前应检查哪些项目？

答：应按有关规程的交接试验项目进行试验并合格。其检查项目如下。

（1）充油互感器外观应清洁、油位正确、无渗漏现象。

（2）瓷套管或其他绝缘介质无裂纹破损。

（3）一次侧引线及二次侧回路各连接部分螺丝紧固，接触良好。

（4）外壳及二次回路一点接地应良好。

Je4C1127 油断路器在运行中，发生哪些缺陷应立即退出运行？

答：如发现有以下缺陷，应立即退出运行。

（1）严重漏油，造成油面低下而看不到油位时。

（2）断路器内发生放电声响。

（3）断路器支持绝缘子断裂或套管有严重裂纹。

（4）断路器的导杆连接处过热变色。

（5）断路器瓷绝缘表面严重放电。

（6）故障跳闸时，断路器严重喷油冒烟。

Je4C2128 如何根据声音判断变压器的运行情况？

答：正常运行时，变压器发出轻微有规律的"嗡嗡"声。而异常声音有如下几种。

（1）当发出"嗡嗡"声有变化时，这时负载可能有很大变化。

（2）当发出"哇哇"声时，可能有大设备启动或高次谐波分量大。

（3）当发出沉重的"嗡嗡"声时，可能是过载。

（4）当发出很大噪声时，可能是变压器通过很大的短路电流。

（5）当发出异常音或很强的噪声，可能是铁芯夹紧螺丝松动或铁芯松动。

（6）发出放电声，可能是内部接触不良或有绝缘击穿现象。

Je4C2129 如何使用单臂电桥测量直流电阻？

答：其测量方法如下。

（1）测量前先将检流计锁扣打开，并调整指针在零点。

（2）选择适当比率，尽量选择能读取四位数的比率。

（3）测量时先接通电源按键，后接通检流计按键。

（4）反复调节检臂电阻，使之达到平衡后读出检臂电阻读数。

（5）在测电感线圈时，应在接通电源按键后，稍停一段时间，再接通检流计按键，读取数字后，应先断开检流计按键，再断开电源按键。

Je4C2130 高压用户配电工程竣工后应验收哪些项目？

答：应验收以下项目。

（1）油断路器及传动装置。

（2）隔离开关及操作机构。

（3）互感器及其二次回路。

（4）母线、绝缘子及套管等。

（5）防雷接地装置。

（6）变压器及其附件。

（7）电力电缆的安装情况。

（8）电力电容器的安装情况。

（9）高低压成套配电柜的安装情况。

（10）继电保护及控制回路、整定值配合等。

（11）接地装置的测量及安装情况。

Je4C3131 变压器一次侧跌落式熔断器的熔丝熔断后怎样处理？

答：变压器一次侧熔丝熔断后，应先停二次负荷，以防止带负荷操作断路器；然后，拉开未熔断相的一次侧熔断器，取下熔断相的熔断管，检查熔丝；待故障排除后，按操作顺序合上熔断器，给变压器送电。送电后，检查变压器无异常现象，给变压器二次侧断路器送电。

Je4C3132 设备在正常运行时，断路器跳闸的原因有哪些？如何处理？

答：可从以下几个方面查明原因。

（1）检查操作机构。

（2）检查继电保护。

（3）检查二次回路。

（4）检查直流电源。

查明以上各点后，即可排除故障恢复运行。

如果是电力系统停电，引起失压脱扣跳闸，则只要电网恢复供电，即可恢复运行。

Je4C3133 断路器合闸时操动机构拒动有哪些原因？如何查找？

答：其原因可能有如下几种。

（1）合闸托子油泥过多卡住。

（2）托架坡度大、不正或吃度小。

（3）三点过高、分闸锁钩啮不牢。

（4）机械卡住，未复归到预备全合闸位置。

（5）合闸铁芯超越行程小。

（6）合闸缓冲间隙小。

根据以上判断逐项检查，直到找到故障进行处理。

Je4C3134 电力电缆应在什么情况下穿管保护？

答：为保证电缆在运行中不受外力损伤，在下列情况下应加以保护。

（1）电缆引入和引出建筑物、隧道、沟道等处。

（2）电缆通过道路，铁路等处。

（3）电缆引出或引进地面时，距离地面 2m 至埋入地下 0.1～0.25m 一段应加装保护管。

（4）电缆与各种管道、沟道交叉处。

（5）电缆可能受到机械损伤的地段。

Je4C3135　变压器气体（轻瓦斯）保护动作后应如何处理？

答：当气体（轻瓦斯）保护发出信号时，值班员应立即对变压器及气体（瓦斯）继电器进行检查，注意电压、电流、温度及声音的变化，同时迅速收集气体做点燃试验。如气体可燃，说明内部有故障；如气体不可燃，则对气体和变压器油进行化验，以便作出正确判断。

Jb1C2136　供用电双方在合同中签订的有关频率质量责任条款是如何规定的？

答：根据《供电营业规则》第 97 条规定，供用电双方在合同中订有频率质量责任条款的，按下列规定办理：

（1）供电频率超出允许偏差，给用户造成损失的，供电企业应按用户每月在频率不合格的累计时间内所用的电量，乘以当月用电的平均电价的百分之二十给予赔偿。

（2）频率变动超出允许偏差的时间，以用户自备并经供电企业认可的频率自动记录仪表的记录为准，如用户未装此项仪表，则以供电企业的频率记录为准。

Je4C4137　如何组织用户工程的查验送电？

答：组织用户新装送电工作程序如下。

（1）用户提供下列资料后，再组织进行竣工检查：① 竣工报告；② 符合现场的一、二次图纸；③ 电气设备出厂说明书和出厂试验报告；④ 现场操作和运行管理的有关规程及运行人员名单；⑤ 安全工具、试验报告、及隐蔽工程报告。

（2）接到上述资料后，组织供用电单位。设计施工单位有关人员到现场验收召开启动会，提出检查意见，确定改进办法和完成日期，确定送电日期、经各方同意后签发会议纪要。

（3）用电单位按纪要内容改进完成后，进行复查。

（4）用电检查人员按确定送电日期，组织安装电能表、定量器和进行继电保护调试。

（5）将有关电力调度单位制订的送电批准书或调度协议，送有关单位。

（6）准备工作完成后，用电检查和有关人员到现场参加送电的指导工作，按规定步骤送电完成后，查看所有设备、仪表、计量应正常，并做好有关记录，将有关工作单转送有关单位。

Je4C4138　断路器跳闸拒动的原因是什么？

答：断路器跳闸失灵的原因有电气回路和机械两部分的缺陷。

（1）电气回路：

1）直流电压过低。

2）电路接触不良或断路。

3）跳闸线圈断路。

4）操作电压不合格。

5）小车式断路器连锁触点接触不良。

（2）机械部分：

1）三连板三点过低，分闸锁钩或合闸支架吃度过大。

2）跳闸顶杆卡劲和脱落。

3）合闸缓冲偏移，滚轮及缓冲卡死。

Je4C5139　变压器差动保护动作后如何检查处理？

答：差动保护动作的可能原因如下。

（1）变压器及其套管引出线故障。

（2）保护的二次线故障。

（3）电流互感器开路或短路。

（4）变压器内部故障。

根据平时运行状况，检查以上故障的可能性，如发现属非变压器故障，可及时处理后投入。如属变压器故障，则停止运行，经过试验、油化验后再予确定。

Je3C1140　当空母线送电后，合绝缘监视的电压互感器时发生铁磁谐振应怎样处理？

答：发生铁磁谐振的处理原则是，增大对地电容值及加大防止谐振的阻尼，破坏谐振条件，具体措施如下。

（1）先对母线上馈出的电缆或架空线路送电，改变母线对地电容值。

（2）利用导线瞬时短接谐振的电压互感器开口三角形处的两端子，破坏谐振条件。

Je3C2141　双路电源用户电源切换时应履行哪些手续？

答：应履行以下手续。

（1）必须有供电部门值班调度员的许可命令，并填写操作票，经与调度员核对操作步骤后方可进行操作。

（2）操作完毕，应将操作终了时间和运行是否正常报告值班调度员。

（3）如切换电源检修，有可能造成相位变化时，应核对相位并报告值班调度员。

（4）如遇紧急事故需切换电源，可先操作后再向值班调度员报告。

Je3C3142　目前检查高压真空断路器的真空度常用何种方法？

答：目前均采用工频耐受电压试验的方法检查高压真空断路器的真空度，即切断电源，使真空断路器处于跳闸位置，然后在真空灭弧室的动静触头两端施加工频电压，10kV 断路器施加 42kV 1min 工频电压，若无放电或击穿现象，则说明灭弧室的真空度合格。

Je3C4143 交流接触器有何用途？

答：其主要用途如下。

（1）控制电动机的运转，即可远距离控制电动机起动、停止、反向。

（2）控制无感和微感电力负荷。

（3）控制电力设备、如电容器和变压器等的投入与切除。

Je2C1144 高电压的大型变压器防止绝缘油劣化有何措施？作用如何？

答：其措施和作用如下。

（1）充氮：在变压器油枕内上部的空间充以氮气，使油与空气隔绝，可防止油的劣化。

（2）加抗氧化剂：可减缓油的氧化作用。

（3）装置热虹吸净油器：净油器中的硅胶或活性氧化物可吸收油内所含游离酸、潮气等物，可减缓油的劣化。

（4）安装密封橡胶囊：把它加在油枕中，使油与空气隔绝，防止劣化。

Je2C2145 高压真空断路器有何优缺点？

答：真空断路器的缺点是一次性投资较高，维护费用也高；而它的优点有如下几点。

（1）结构简单，维护检修工作量少。

（2）使用寿命长，运行可靠。

（3）能频繁操作，无噪声。

（4）真空熄弧效果好，电弧不外露。

（5）无爆炸危险。

Je1C1146　如何组织用户进行重大事故调查工作？

答： 重大事故调查方法如下。

（1）接到发生事故通知后，立即到事故现场，通知电气负责人召集有关人员参加事故分析会。

（2）听取值班人员和目睹者的事故过程介绍，并做好记录。

（3）查阅事故现场的保护动作情况。

（4）检查事故设备损坏部位，损坏程度。

（5）查看用户事故当时记录是否正确。

（6）检查有疑问时，可进行必要的复试、检验。

（7）综合上述情况，指出发生事故的真正原因，提出防止发生事故的措施及处理意见。

Je1C2147　什么叫单位产品电耗定额？为什么要对电耗进行管理？

答： 某一产品或产量所消耗的电能，通常用单位产品电耗和单位产品电耗定额表示。单位产品电耗定额是指在一定的生产技术工艺条件下，生产单位产品或产量所规定的合理消耗电量的标准，它反映了工厂企业的生产技术水平和管理水平。加强电耗定额管理，正确制定电耗定额和计划考核，对促进企业合理用电、降低产品成本、提高管理水平具有重要作用。

Jf5C1148　什么叫导线弧垂？

答： 导线弧垂是指在平坦地面上，相邻两基电杆上导线悬挂高度相同时，导线最低点与两悬挂点间连线的垂直距离。

导线弧垂是电力线路的重要参数，它不但对应着导线使用应力大小，而且也是确定杆塔高度、导线对地距离的主要依据。

Jf5C2149　在节约用电工作中应进行哪些有效的工作？

答：节约用电的过程，就是利用新技术、新经验，改造旧设备的过程。其有效工作如下。

（1）加强能源管理：建立精干的管理机构，形成一个完整的管理机制。

（2）改造设备：对生产效率低、耗电大的设备，逐步进行履行和更换。

（3）改革生产工艺和操作方法：是降低电能消耗的重要途径。

（4）加强设备检修维护：减少水、汽、热的跑、冒、滴、漏等。

（5）采用新技术及提高生产自动化能力。

（6）提高用电的功率因数。

Jf5C2150　更换电流互感器及其二次线时应注意哪些问题？

答：除应执行有关安全规程外，还应注意以下问题。

（1）更换电流互感器时，应选用电压等级、变比相同并经试验合格的。

（2）因容量变化而需更换时，应重新校验保护定值和仪表倍率。

（3）更换二次接线时，应考虑截面芯数必须满足最大负载电流及回路总负载阻抗不超过互感器准确度等级允许值的要求，并要测试绝缘电阻和核对接线。

（4）在运行前还应测量极性。

Jf5C3151　为什么在同一低压系统中不能同时采用接地保护和接零保护？

答：在380V/220V三相四线制中性点直接接地系统中，如果采用两种保护接线，而采用接地保护的设备漏电时，会使零线上出现危险电压，从而使所有采用接零保护的电气设备外壳也同时出现危险电压并威胁到人身安全。这样，两种接地保护的电气设备外壳上都有了危险电压，有导致发生人身触电事故的可能。

Jf5C3152　装、拆接地线有哪些要求？

答：装、拆接地线必须由两人进行。装设接地线时，必须先接接地端，后接导体端，且必须接触良好；拆接地线的顺序与装时的相反。装、拆接地线，均应使用绝缘棒和戴绝缘手套。

接地线应用多股铜线，其截面应符合短路电流的要求，但不小于25mm^2。在装设前应经过详细检查是否损坏和合格。

接地线必须使用专用线夹固定在导体上，严禁用缠绕的方法进行接地。

Jf5C3153　工作票签发人的安全责任是什么？

答：其安全责任如下。

（1）工作的必要性。

（2）工作是否安全。

（3）工作票上所填安全措施是否正确完备。

（4）所派工作负责人和工作班人员是否适当和足够，精神状态是否良好。

Jf5C4154　保证安全的组织措施是指哪些？

答：保证安全的组织措施如下。

（1）工作票制度。

（2）工作许可制度。

（3）工作监护制度。

（4）工作间断、转移和终结制度。

Jf5C5155　保证安全的技术措施是指哪些？

答：保证安全的技术措施如下。

（1）停电。

（2）验电。

（3）装设接地线。

（4）悬挂标示牌和装设遮栏。

Jf4C1156 运行中发现油断路器严重缺油应如何处理？

答：应作以下处理。

（1）先取下操作电源的熔断器，防止其自动跳闸。

（2）有条件时，将负荷通过旁路母线或备用断路器送电。

（3）停下缺油的断路器，做好安全措施，进行检修和加油。

Jf4C2157 电缆线路输电和架空线路输电有何区别？

答：在建筑物和居民密集区、道路两侧空间有限时，不允许架设杆塔线路，这就要用电缆输电。

电缆输电有如下优点。

（1）不占地面、空间、不受建筑物影响，在城市供电使市容美观。

（2）供电可靠、不受自然环境影响，对运行，对人身均较安全。

（3）运行比较简单，维护量少，费用低。

（4）电缆的电容较大，对电网功率因数有利。

电缆输电有如下缺点。

（1）一次性建设费用大，成本高。

（2）线路不易分支，如遇故障点较难发现。

（3）检修费用较高，费工、费时。

架空线路的优缺点则与上相反。

Jf4C3158 变压器大修日期是如何规定的？

答：其规定如下。

（1）35kV 及以上电压等级的变压器，投入运行五年后应大修一次，以后每隔 10 年大修一次。

（2）10kV 及以下电压等级的变压器，如不经常过负荷，则每 10 年大修一次。

（3）35kV 及以上电压等级的变压器，当承受出口短路故障后，应考虑提前大修或做吊装检查。

Jf4C4159　为什么液压操作机构的断路器在压力过低时不允许操作？

答：因为此时操作会造成带负荷跳闸，使触头间产生电弧而不至熄灭，还会引起断路器爆炸。

Jf4C5160　由于线路故障引起保护跳闸有哪些原因？

答：主要原因是线路短路和遭受雷击。

引起线路短路的原因有很多：如弧垂过大、过小引起短路或断线；导线经过树林区，由于树枝碰线引起短路；其他还有人为的，如车撞电杆、船桅碰线、风筝等引起的短路事故。

Jf3C1161　变电所进线段过电压保护的作用是什么？

答：进线段过电压保护的作用是，在装了进线段过电压保护之后，在变电所架空线路附近落雷时，不会直接击中线路，可以限制侵入的雷电压波头徒度、降低雷电电流的幅值、避免避雷器和被保护设备受到直击雷的冲击。

Jf2C1162　防雷保护装置出现哪些问题应停止运行？

答：如有下列情况时，应属重大缺陷，防雷保护装置应停运检修。

（1）避雷器经试验不合格或使用年限超过 15 年以上。

（2）避雷针、避雷器接地线断脱或接地线不合要求。

（3）避雷器瓷件有破损或严重脏污、支架不牢固。

（4）接地电阻不合格。

Jf1C1163　避雷线在防雷保护中起何作用？

答：避雷线也叫架空地线，是沿线路架设在杆塔顶端，并有良好接地的金属导线，是输电线路的主要防雷措施。其保护原理与避雷针相似。它除了能覆盖三相导线免受直击雷外，当雷击杆顶或避雷线时，能分散雷电流、增大耦合系数，从而降低雷击过电压的幅值。

Lb4C3164　什么是一级负荷？什么是二级负荷？什么是三级负荷？

答：中断供电将产生下列后果之一的，为一级负荷：① 引发人身伤亡的；② 造成环境严重污染的；③ 发生中毒、爆炸和火灾的；④ 造成重大政治影响、经济损失的；⑤ 造成社会公共秩序严重混乱的。

中断供电将产生下列后果之一的，为二级负荷：① 造成较大政治影响、经济损失的；② 造成社会公共秩序混乱的。

不属于一级负荷和二级负荷的为三级负荷。

Lb2C2165　新装和改装的电能计量装置投运前,在安装现场需对计量装置进行哪些项目的检查和试验？

答：新装和改装的电能计量装置投运前，在安装现场需对计量装置进行下列项目的检查和试验：

（1）检查计量方式的正确性与合理性。

（2）检查一次与二次接线的正确性。

（3）核对倍率。

（4）核对电能表的检验证（单）。

（5）在现场实际接线状态下，检查互感器的极性（或接线组别），并测定互感器的实际二次负载及该负载下互感器的误差。

（6）测量电压互感器二次回路的电压降。

Lb3C3166 什么是双电源？什么是保安电源？什么是应急电源？

答：双电源是由两个独立的供电线路向一个用电负荷实施的供电。这两条线路是由两个电源供电，即由两个变电站或一个有多台变压器单独运行的变电站中的两段母线分别提供的电源。其中一个电源故障时，不会因此而导致另一电源同时损坏。

保安电源是供给客户保安负荷的电源。保安电源必须是与其他电源无联系而能独立存在的电源，或与其他电源有较弱的联系，当其中一个电源故障断电时，不会导致另一个电源同时损坏的电源。保安电源与其他电源之间必须设置可靠的机械式或电气式联锁装置。

应急电源是在正常电源发生故障情况下，为确保一级负荷中特别重要负荷的供电电源。

Lb3C3167 用电安全检查分哪几种？

答：用电安全检查分为定期检查、专项检查和特殊性检查。定期检查可以与专项检查相结合。

定期检查是指根据规定的检查周期和客户安全用电实际情况，制定检查计划，并按照计划开展的检查工作。低压动力客户，每两年至少检查一次。专项检查是指每年的春季、秋季安全检查以及根据工作需要安排的专业性检查，检查重点是客户受电装置的防雷情况、设备电气试验情况、继电保护和安全自动装置等情况。对 10kV 及以上电压等级的客户，每年必须开展春、秋季安全专项检查。

特殊性检查是指因重要保电任务或其他需要而开展的用电安全检查。

Lb2C4168 用电安全检查的主要内容有哪些？

答：用电安全检查的主要内容如下。

（1）自备保安电源的配置和维护是否符合安全要求。

（2）闭锁装置的可靠性和安全性是否符合技术要求。

（3）受电装置及电气设备安全运行状况及缺陷处理情况。

（4）是否按规定的周期进行电气试验，试验项目是否齐全，试验结果是否合格，试验单位是否符合要求。

（5）电能计量装置、负荷管理装置、继电保护和自动装置、调度通信等安全运行情况。

（6）并网电源、自备电源并网安全状况。

（7）安全用电防护措施及反事故措施。

Lb3C3169　供电服务人员应具备的职业素质和技能要求是什么？

答：（1）严格遵守国家法律法规，诚实守信，恪守承诺。爱岗敬业，乐于奉献，廉洁自律，秉公办事。

（2）真心实意为客户着想，尽量满足客户的合理要求。对客户的咨询、投诉等不推诿、不拒绝、不搪塞，及时、耐心、准确地给予解答。

（3）遵守国家的保密原则，尊重客户的保密要求，不对外泄露客户的保密资料。

（4）工作期间精神饱满、注意力集中。使用规范化文明用语，提倡使用普通话。

（5）熟知本岗位的业务知识和相关技能，岗位操作规范、熟练，具有合格的专业技术水平。

Lb1C2170　对架空配电线路及设备事故处理的主要任务是什么？

答：对架空配电线路及设备事故处理的主要任务如下。

（1）尽快查出事故地点和原因，消除事故根源，防止扩大事故。

（2）采取措施防止行人接近故障导线和设备，避免发生人身事故。

（3）尽量缩小事故停电范围和减少事故损失。

（4）对已停电的用户尽快恢复供电。

Lb4C3171　客户安全用电服务内容是什么？

答：客户安全用电服务主要内容包括：客户受电工程设计审核与检验；受电装置试验与消缺；保护和自动装置整定与检验；用电安全检查。

Lb4C2172　用户依法破产时，供电企业应按哪些规定办理？

答：（1）供电企业应予销户，终止供电。

（2）在破产用户原址上用电的，按新装用电办理。

（3）从破产用户分离出去的新用户，必须在偿清原破产用户电费和其他债务后，方可办理变更用电手续，否则，供电企业可按违约用电处理。

Lb1C2173　在哪些情况下应对变压器进行特殊巡视检查？

答：在下列情况下应对变压器进行特殊巡视检查，增加巡视检查次数：

（1）新设备或经过检修、改造的变压器在投运行 72 小时内。

（2）有严重缺陷时。

（3）气象突变（如大风、大雾、大雪、冰雹、寒潮等）时。

（4）雷雨季节特别是雷雨后。

（5）高温季节、高峰负载期间。

（6）变压器急救负载运行时。

Lc3C3174　贸易结算用电能计量装置的互感器、电能表及其二次回路压降超差或其他非人为因素造成计量不准时，供电

企业按规定退补相应电量的电费？

答：（1）互感器或电能表误差超过允许值时，以"0"误差为基准，按验证后的误差值退补电量。退补时间从上次校验或换装后投入之日起至误差更正之日止的二分之一时间计算。

（2）连接线的电压降超差时，以允许的电压降为基准，按检验的实际值与允许值之差计算追补电量。补收时间从连接线投入或负荷增加之日起至电压降更正之日止。

（3）其他非人为原因致使电量计量不准时，应以用户正常月份的用电量为基准，追补电量。退补时间按抄表记录确定。

退补期间，用户先按抄见电量如期交纳电费，误差确定后再进行退补。

Lc3C1175　什么是电力系统的负荷曲线？最大负荷利用小时数 T_{max} 指的是什么？

答：电力系统的负荷曲线是电力系统负荷功率随时间变化的关系曲线。曲线所包含的面积代表一段时间内用户的用电量。

如果负荷始终等于最大值 P_{max}，经过 T_{max} 小时后所消耗的电能恰好等于全年的实际耗电量 W，则 T_{max} 称为最大负荷利用小时数，即：$T_{max}=W/P_{max}$。

Lb2C2176　供配电系统中变电站的变压器，在什么情况下采用有载调压变压器？

答：变电站中的变压器在下列情况之一时，应采用有载调压变压器：

（1）35kV 以上电压的变电站中的降压变压器，直接向35kV、10(6)kV 电网送电时。

（2）35kV 降压变电站的主变压器，在电压偏差不能满足要求时。

Lb4C2177　试述低压回路停电的安全措施。

答：低压回路停电的安全措施有：将检修设备的各方面电源断开并取下熔断器，在刀闸操作把手上悬挂"禁止合闸，有人工作"的标示牌；工作前必须验电根据需要采取其他安全措施。

Lb3C3178 什么是临时用电？办理临时用电应注意哪些事项？

答：临时用电是指要求用电的申请者，为了某种短期用电的所需容量申请与供电企业建立的临时供用电关系。办理临时用电应注意以下事项：

（1）对基建工地，农田水利，市政建设等非永久性用电，可供给临时电源。临时用电期限除经供电企业核许外，一般不得超过6个月，逾期不办理延期或永久性正式用电手续的，供电企业应终止供电。

（2）使用临时电源的用户不得向外转供电，也不得转让给其他用户，供电企业也不受理其变更用电事宜。如需改为正式用电，应按新装用电办理。

Lb2C2179 在什么情况下因高压电引起得人身伤害，电力设施产权人不承担责任？

答：（1）不可抗力。

（2）受害人以触电的方式自杀、自伤。

（3）受害人盗窃电能，盗窃、破坏电力设施或者因其他犯罪行为而引起的触电事故。

（4）受害人在电力设施保护区从事法律、行政法规所禁止的行为。

Lb2C4180 室内配电装置的母线应满足哪些安全距离要求？

答：（1）带电体至接地部分为20mm。

（2）不同相的带电体之间为20mm。

（3）无遮栏裸母线至地面屏前通道为 2.5m，低于 2.5m 时应加遮栏，遮护后护网高度不应低于 2.2m;屏后通道为 2.3m，当低于 2.3m 时应加遮护，遮护后的护网高度不应低于 1.9m。

Jb2C2181　在低压电气设备上进行带电工作时，应采取什么安全措施？

答：应由专人监护，并使用有完好绝缘柄的工具：

（1）注意安全距离，防止误碰带电高压设备。

（2）上杆分清相线、中性线，选好工作位置。

（3）人体不得同时接触两根线头。

Lb1C4182　县以上地方各级电力管理部门应采取哪些电力保护措施？

答：县以上地方各级电力管理部门应采取如下措施保护电力设施。

（1）在必要的架空电力线路保护区的区界上，应设立标志，并标明保护区的宽度和保护规定。

（2）在架空电力线路导线跨越重要公路和航道的区段，应设立标志，并标明导线距穿越物体之间的安全距离。

（3）地下电缆铺设后，应设立永久性标志，并将地下电缆所在位置书面通知有关部门。

（4）水底电缆敷设后，应设立永久性标志，并将水底电缆所在位置书面通知有关部门。

Lb1C4183　县以上地方各级电力管理部门保护电力设施的职责有哪些？

答:县以上地方各级电力管理部门保护电力设施的职责是：

（1）监督、检查本条例及根据本条例制定的规章的贯彻执行。

（2）开展保护电力设施的宣传教育工作。

（3）会同有关部门及沿电力线路各单位，建立群众护线组织并健全责任制。

（4）会同当地公安部门，负责所辖地区电力设施的安全保卫工作。

Jb2C2184　带电作业工具应定期进行电气试验及机械试验，其试验周期是如何规定的？

答：带电作业工具应定期进行电气试验及机械试验，其试验周期为：

（1）电气试验。预防性试验每年一次，检查性试验每年一次，两次试验间隔半年。

（2）机械试验。绝缘工具每年一次，金属工具两年一次。

Jb2C4185　什么是低电压闭锁的过电流保护？在什么情况下采用它？

答：电力系统发生短路故障时，会使系统的电压降低，尤其使故障点附近的电压降低的更多，而正常运行情况下的过负荷只是电流增大，电压并不降低。针对这个特点可以构成低电压闭锁的过电流保护，即在过电流保护回路中只有接入了低电压继电器的触点，才能通过电流保护的出口回路使断路器跳闸。而在过负荷的情况下由于电压正常而使电流保护闭锁。

过电流保护的动作电流，通常是按躲开最大工作电流来整定。在某些特殊情况下，由于最小运行方式时的末端短路电流，接近于或小于最大负荷电流，致使保护的灵敏系数不能满足要求。在这种情况下，常采用低电压闭锁的电流保护装置，因此要求有电流增大和电压降低两个条件，这可使电流动作数值降低，既满足了保护灵敏度的要求，在过负荷时也不会误动。

Jb1C2186　因建设引起建筑物、构筑物与供电设施相互妨碍，需要迁移供电设施或采取防护措施时，应如何处理？

答：因建设引起建筑物、构筑物与供电设施相互妨碍，需要迁移供电设施或采取防护措施时，应按建设先后的原则，确定其担负的责任。如供电设施建设在先，建筑物、构筑物建设在后，由后续建设单位负担供电设施迁移、防护所需的费用；如建筑物、构筑物的建设在先，供电设施建设在后，由供电设施建设单位负担建筑物、构筑物的迁移所需的费用；不能确定建设的先后者，由双方协商解决。供电企业需要迁移用户或其他供电企业的设施时，也按上述原则办理。

城乡建设与改造需迁移供电设施时，供电企业和用户都应积极配合，迁移所需的材料和费用，应在城乡建设与改造投资中解决。

4.1.4 计算题

La5D1001 在图 D-1 中，$U=120V$，$R_1=30\Omega$，$R_2=10\Omega$，$R_3=20\Omega$，$R_4=15\Omega$。求总电流 I，各电流 I_1，I_2，I_3，I_4 及等值电阻 R。

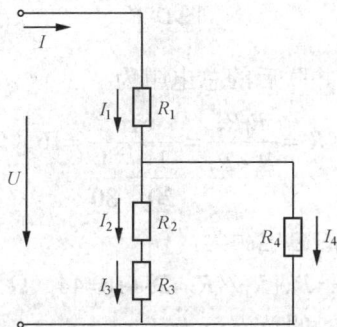

图 D-1

解：等值电阻

$$R=R_1+\frac{(R_2+R_3)R_4}{R_2+R_3+R_4}=30+\frac{(10+20)\times15}{10+20+15}=40 \text{（}\Omega\text{）}$$

总电流

$$I=U/R=120/40=3 \text{（A）}$$

$$I_1=I=3 \text{（A）}$$

$$I_2=I_3=\frac{R_4}{(R_2+R_3)+R_4}I=\frac{15}{(10+20)+15}\times3=1 \text{（A）}$$

$$I_4=I-I_2=2 \text{（A）}$$

答：总电流 I 为 3A，各电流 I_1 为 3A，I_2 为 1A，I_3 为 1A，I_4 为 2A，等值电阻 R 为 40Ω。

La5D2002 图 D-2 中，已知 $R_1=20\Omega$，$R_2=80\Omega$，$R_3=28\Omega$，$U=220V$。求 R_1、R_2、R_3 上消耗的有功功率为多少？

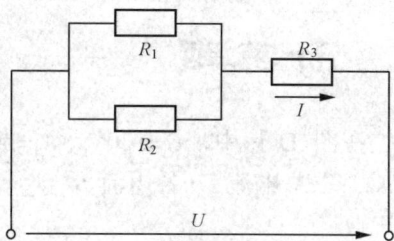

图 D-2

解：R_1 与 R_2 并联后的总电阻为

$$R_1 // R_2 = \frac{R_1 R_2}{R_1 + R_2} = \frac{1}{\dfrac{1}{20} + \dfrac{1}{80}} = 16 \ (\Omega)$$

与 R_3 串联后的总电阻为

$$R_\Sigma = R_3 + R_1 // R_2 = 28 + 16 = 44 \ (\Omega)$$

所以，通过 R_3 的总电流为

$$I = U/R_\Sigma = 220/44 = 5 \ (A)$$

根据欧姆定律，R_3 消耗的有功功率为

$$P_{R3} = I^2 R_3 = 5 \times 5 \times 28 = 700 \ (W)$$

R_1、R_2 并联电路上的电压为

$$U_{R_1 // R_2} = I \times R_1 // R_2 = 5 \times 16 = 80 \ (V)$$

R_1 上消耗的有功功率为

$$P_{R1} = U_{R_1 // R_2}^2 / R_1 = 80 \times 80/20 = 320 \ (W)$$

R_2 上消耗的有功功率为

$$P_{R2} = U_{R_1 // R_2}^2 / R_2 = 80 \times 80/80 = 80 \ (W)$$

答：R_1 上消耗的有功功率为 320W，R_2 上消耗的有功功率为 80W，R_3 上消耗的有功功率为 700W。

La5D3003 已知一台直流电动机，其额定功率 P_n=100kW，额定电压 U_n=220V，额定转速 n_n=1500r/min。额定效率 η_n=90%。

求其额定运行时的输入功率 P_1 和额定电流 I_n。

解：额定运行时的输入功率

$$P_1=P_n/\eta_n=100/0.9=111.1（kW）$$

因为 $U_nI_n=P_1$，则额定电流

$I_n=P_1/U_n=100/(0.9\times220)=0.505（kA）=505（A）$

答：额定运行时 P_1 为 111.1kW，额定电流 I_n 为 505A。

La5D4004 将 8Ω 的电阻和容抗为 6Ω 的电容器串接起来，接在频率为 50Hz 电压为 220V 的正弦交流电源上。试计算电路中的电流 I 和所消耗的有功功率 P 为多大？

解：已知 $U=220V$，$f=50Hz$，$R=8Ω$，$X_C=6Ω$，则

$$Z=\sqrt{R^2+X_C^2}=\sqrt{8^2+6^2}=10（Ω）$$

电路中电流

$$I=\frac{U}{Z}=\frac{220}{10}=22（A）$$

电路消耗有功功率为

$$P=I^2R=22^2\times8=3.872（kW）$$

答：P 为 3.872kW，I 为 22A。

La5D5005 有一台三相电动机，每相等效电阻 R 为 29Ω，等效感抗 X_L 为 21.8Ω，绕组接成星形，接于线电压为 380V 的电源上。求电动机所消耗的有功功率 P？

解：已知 $R=29Ω$，$X_L=21.8Ω$，电源电压 $U_{p-p}=380V$

由于负载星形连接，因此

$$U_{ph}=\frac{U_{p-p}}{\sqrt{3}}=\frac{380}{\sqrt{3}}=220（V）$$

每相负载的阻抗为

$$Z=\sqrt{R_2+X_L^2}=\sqrt{29^2+21.8^2}=36.2（Ω）$$

每相相电流为

$$I_{ph}=\frac{U_{ph}}{Z}=\frac{220}{36.2}\approx6.1\ (A)$$

由于 $\cos\varphi=\dfrac{R}{Z}=\dfrac{29}{36.2}=0.8$

则电动机的消耗的有功功率为

$$P=3U_{ph}I_{ph}\cos\varphi=3\times220\times6.1\times0.8$$
$$=3.22\ (kW)$$

答：电动机所消耗的有功功率为 3.22kW。

La4D1006 一个容抗为 6Ω 的电容，与一个 8Ω 的电阻串联，通过电流为 5A。试求电源电压 U 为多大？

解：已知电容的容抗 $X_C=6Ω$，电阻 $R=8Ω$，回路电流 $I=5A$。

因为回路阻抗

$$Z=\sqrt{R^2+X_C^2}=\sqrt{8^2+6^2}=10\ (Ω)$$

则

$$U=IZ=5\times10=50\ (V)$$

答：电源电压为 50V。

La4D2007 有一电阻、电感串联电路，电阻上的压降 U_R 为 30V，电感上的压降 U_L 为 40V。试求电路中的总电压有效值 U 是多少？

解：已知 $U_R=30V$，$U_L=40V$，则总电压为

$$U=\sqrt{U_R^2+U_L^2}=\sqrt{40^2+30^2}=50\ (V)$$

答：电路中的总电压有效值 U 是 50V。

La4D3008 一个 5Ω 电阻与 31.8mH 的电感线圈串联，接到频率为 50Hz、电压为 100V 的正弦交流电源上。试求串联电路中的电流 I 多大？

解：已知 $R=5\Omega$，$L=31.8\text{mH}$，$f=50\text{Hz}$，$U=100\text{V}$，则

$$X_L=2\pi fL=2\times3.14\times50\times31.8\times10^{-3}=9.99\ (\Omega)$$

$$Z=\sqrt{R^2+X_L^2}=\sqrt{5^2+9.99^2}=11.17\ (\Omega)$$

$$I=\frac{U}{Z}=\frac{100}{11.17}=8.95\ (\text{A})$$

答：I 为 8.95A。

La4D4009 某用户装一台感应电动机，电路如图 D-3 所示。电动机在某一负载下运行时，电阻 $R=29\Omega$，电抗 $X_L=21.8\Omega$。若电动机外接电压为 220V 的交流电源，试求电动机开机后的电流？电动机本身消耗的有功功率和无功功率各是多少？

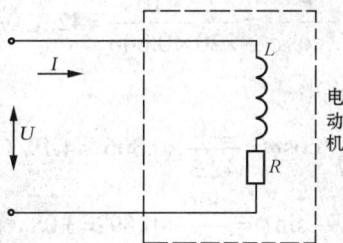

图 D-3

解：电动机的阻抗

$$Z=\sqrt{R^2+X_L^2}=\sqrt{29^2+21.8^2}=36.28\ (\Omega)$$

电动机电流

$$I=\frac{U}{Z}=\frac{220}{36.28}=6.06\ (\text{A})$$

有功功率

$$P=I^2R=6.06^2\times29=1066\ (\text{W})$$

无功功率

$$Q=I^2X_L=6.06^2\times21.8=800.6\ (\text{var})$$

答：电动机开机后的电流为 6.06A。电动机本身消耗的有功功率为 1066W，无功功率是 800.6var。

La4D5010　某感性负载接在 220V、50Hz 的正弦交流电源上。当运行正常时，测得其有功功率为 7.5kW，无功功率为 5.5kvar，求其功率因数值？若以电阻与电感串联的电路作为它的等值电路，求电阻和电感值？($\sin\varphi=0.592$)

解：已知　电源电压 $U=220V$，频率 $f=50Hz$，有功功率 $P=7.5kW$，无功 $Q=5.5kvar$，则

$$\cos\varphi=\frac{P}{S}=\frac{P}{\sqrt{P^2+Q^2}}=\frac{7.5}{\sqrt{7.5^2+5.5^2}}\approx0.806$$

回路的电流为

$$I=\frac{P}{U\cos\varphi}=\frac{7.5\times10^3}{220\times0.806}=42.3 （A）$$

根据阻抗三角形，得

$$R=\frac{U}{I}\cos\varphi=\frac{220}{42.3}\times0.806\approx4.19 （\Omega）$$

$$X_L=\frac{U}{I}\sin\varphi=\frac{220}{42.3}\times0.592=3.08 （\Omega）$$

由于 $X_L=2\pi fL$，则

$$L=\frac{X_L}{2\pi f}=\frac{3.08}{314}=0.009\,81 （H）=9.81 （mH）$$

答：功率因数为 0.806，电阻为 4.19Ω，电感值为 9.81mH。

La4D5011　有一台电感线圈，其电阻 $R=7.5\Omega$，电感 $L=6mH$，将此线圈与 $C=5\mu F$ 的电容串联后，接到电压有效值为 10V，$\omega=5000rad/s$ 的正弦交流电源上。求电路总电流为多少。

解：感抗 $X_L=\omega L=5000\times6\times10^{-3}=30 （\Omega）$

容抗 $X_C=\dfrac{1}{\omega C}=\dfrac{1}{5000\times5\times10^{-6}}=40 （\Omega）$

电抗：$X=X_L-X_C=-10$（Ω）

电路的总阻抗

$$Z=R+\text{j}x=7.5-\text{j}10=12.5\angle-53.13（°）$$

$$\dot{I}=\frac{\dot{U}}{Z}=\frac{10\angle0°}{12.5\angle-53.13°}=0.8\angle53.13°（\text{A}）$$

答：电路总电流为 $0.8\angle53.13°$ A。

La3D1012 某户内装一日光灯照明，电路如图 D-4 所示。已知其端电压 $U=220\text{V}$，频率 $f=50\text{Hz}$，日光灯的功率 $P=20\text{W}$，开灯后，电路中通过的电流 $I=0.3\text{A}$。试求该电路的等效电阻 R 以及电感 L、功率因数 $\cos\varphi_1$？如果要将该电路的功率因数提高到 0.85，问需要并联一个多大的电容器 C？

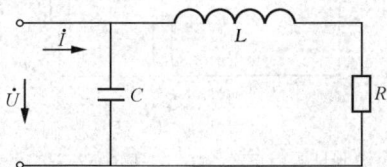

图 D-4

解：已知 $P=I^2R$，则

$$R=\frac{P}{I^2}=\frac{20}{0.3^2}=222（\Omega）$$

$$Z=\sqrt{R^2+X_L^2}，则$$

$$X_L=\sqrt{Z^2-R^2}=\sqrt{\left(\frac{220}{0.3}\right)^2-222^2}=699（\Omega）$$

$$L=\frac{X_L}{\omega}=\frac{699}{314}=2.23（\text{H}）$$

$$\cos\varphi_1=\frac{P}{S}=\frac{20}{220\times0.3}=0.303$$

已知 $\cos\varphi_1=0.303$，$\varphi_1=72.36°$；$\cos\varphi_2=0.85$，$\varphi_2=31.799$，如果将功率因数提高到 0.85，需并联电容器

$$C = \frac{P}{\omega U^2}(\tan\varphi_1 - \tan\varphi_2) = \frac{20}{2 \times 3.14 \times 50 \times 220^2}$$

$$\times(\tan 72.36° - \tan 31.79°) = 3.3 \times 10^{-6} \text{ (F)}$$

$$= 3.3\mu F$$

答：需要并联 3.3μF 的电容器；R 为 222Ω，L 为 2.23H，$\cos\varphi_1$ 为 0.303。

La2D3013　如图 D-5 所示：E=6V，R_1=8Ω，R_2=4Ω，R_3=6Ω，C=1F。求 R_1、R_2、R_3 两端的电压。

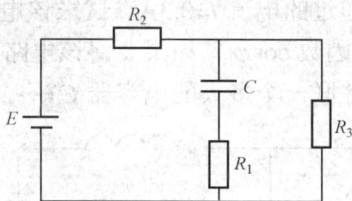

图 D-5

解：电容器 C 阻隔直流，R_3 上无电流流过，I_{R1}=0，则

$$U_{R1} = I_{R1}R_3 = 0 \times 3 = 0 \text{ (V)}$$

$$U_{R2} = 2.4 \text{ (V)}$$

$$U_{R3} = 3.6 \text{ (V)}$$

答：R_1 两端的电压为 0，即 U_{R1}=0V，U_{R2}=2.4V，U_{R3}=3.6V。

La3D2014　某电源的开路电压 U_{oc}=10V。当外电阻 R=5Ω 时，电源的端电压 U=5V。求电源的内阻 R_s 的值。

解：该电源可用电压为 U_s 的理想电压源与内阻 R_s 的串联模型来等效，即

$$U_s = U_{oc} = 10V$$

$$I = \frac{U_s}{R_s + R}$$

所以 $U = RI = R\dfrac{U_s}{R_s + R} = 5$ （V），则

$$R_s = 5\Omega$$

答：电源的内阻 R_s 为 5Ω。

La3D3015 已知某变压器铭牌参数为：S_n：100kVA，U_n：10±5%/0.4kV。当该变压器运行档位为Ⅰ档时，试求该变压器高低压侧额定电流 I_{n1}、I_{n2}（答案保留三位有效数字）？

解： 由于该变压器运行档位为Ⅰ档，所以该变压器高压侧额定电压为 10.5kV。

高压侧额定电流

$$I_{n1} = \frac{S_n}{\sqrt{3}U_n} = \frac{100}{\sqrt{3}\times10.5} = 5.499 \text{（A）}$$

低压侧额定电流

$$I_{n2} = 2.75\times(10.5/0.4) = 144.35 \text{（A）}$$

答：高压侧额定电流为 5.499A，低压侧额定电流为 144.35A。

La3D4016 一客户电力变压器额定视在功率 $S_n=200$kVA，空载损耗 $P_0=0.4$kW，额定电流时的短路损耗 $P_k=2.2$kW，测得该变压器输出有功功率 $P_2=140$kW 时，二次侧功率因数 $\cos\varphi_2=0.8$。求变压器此时的负载率 β 和工作效率 η。

解： 因 $P_2=\beta S_n\cos\varphi_2\times100\%$

$$\beta = P_2\div(S_n\times\cos\varphi_2)\times100\%$$
$$= 140\div(200\times0.8)\times100\% = 87.5 \text{（\%）}$$
$$\eta = (P_2/P_1)\times100\%$$
$$P_1 = P_2+P_0+\beta^2\times P_k = 140+0.4+(0.875)^2\times2.2$$
$$= 142.1 \text{（kW）}$$

所以

$$\eta = (140/142.1)\times100\% = 98.5 \text{（\%）}$$

答：此时变压器的负载率和工作效率分别是 87.5% 和

98.5%。

La3D5017 有一 R 和 L 的串联电路如图 D-6 所示，已知 $\dot{U}$ =50V，$\dot{U}_1$ =30$\sqrt{2}$ sinωtV。试用相量图 D-7 求出电感线圈上电压降 $\dot{U}_2$。

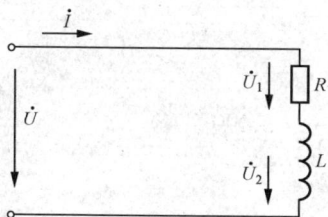

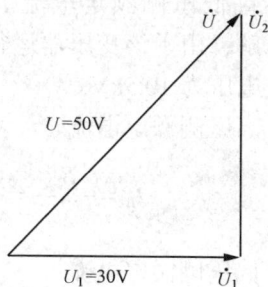

图 D-6   图 D-7

解：$U_2 = \sqrt{U^2 - U_1^2} = \sqrt{50^2 - 30^2} = 40$ （V）

由相量图可知 $\dot{U}_2$ 超前产 $\dot{U}_1$ 90°，所以

$$\dot{U}_2 = 40\sqrt{2} \sin(\omega t + 90°)V$$

答： 电感线圈上的电压降 $\dot{U}_2 = 40\sqrt{2} \sin(\omega t + 90°)V$。

La2D1018 有一三相对称负荷，接在电压为 380V 的三相对称电源上，每相负荷的电阻 R=16Ω，感抗 X_L=12Ω。试计算当负荷接成星形和三角形时的相电流、线电流各是多少？

解： 负荷接成星形时，每相负荷两端的电压，即相电压为

$$U_{\lambda ph} = \frac{U_{\lambda p-p}}{\sqrt{3}} = \frac{380}{\sqrt{3}} = 220 （V）$$

负荷阻抗为

$$Z = \sqrt{R^2 + X_L^2} = \sqrt{16^2 + 12^2} = 20 （\Omega）$$

所以每相电流（或线电流）为

$$I_{\curlywedge ph}=I_{\curlywedge p-p}=\frac{U_{\curlywedge ph}}{Z}=\frac{220}{20}=11 \ (\text{A})$$

负荷接成三角形时，每相负荷两端的电压为电源线电压，即

$$U_{\triangle ph}=U_{\triangle p-p}=380\text{V}$$

流过每相负荷的相电流为

$$I_{\triangle ph}=\frac{U_{\triangle ph}}{Z}=\frac{380}{20}=19 \ (\text{A})$$

流过每相的线电流为

$$I_{\triangle p-p}=\sqrt{3} \ I_{\triangle ph}=32.9 \ (\text{A})$$

La1D1019 已知星形连接的三相对称电源,接一星形四线制平衡负载 $Z=3+\text{j}4\Omega$,若电源线电压为 380V,问 A 相断路时,中线电流是多少？若接成三线制（即星形连接不用中线）,A 相断路时,线电流是多少？

解：在三相四线制电路中，当 A 相断开时，非故障相的相电压不变，相电流也不变，这时中线电流为

$$\dot{I}_0=\dot{I}_B+\dot{I}_C=\frac{220\angle-120°}{3+\text{j}4}+\frac{220\angle120°}{3+\text{j}4}=44\angle126.9° \ (\text{A})$$

若利用三线制，A 相断开时

$$\dot{I}_A=0, \ \dot{I}_B=\dot{I}_C=\frac{U_1}{2Z}=\frac{380}{2\sqrt{3^2+4^2}}=38 \ (\text{A})$$

答：在三相四线制电路中，A 相断开时，中线电流为 44A；若接成三线制，A 相断开时，B、C 两相线电流均为 38A。

Lb5D1020 某厂全年的电能消耗量有功为 1300 万 kWh,无功为 1000 万 kvar。求该厂平均功率因数。

解：按题意求解如下。

方法 1：已知 P=1300kWh，Q=1000kvar，则

$$\cos\varphi=\frac{1}{1+\tan\varphi^2}=\frac{1}{1+(Q/P)^2}$$

$$=\frac{1}{1+(1000/1300)^2}$$

$$=0.79$$

方法 2：已知 P=1300kWh，Q=1000kvar，则

$$\cos\varphi=\frac{P}{\sqrt{P^2+Q^2}}=\frac{1300}{\sqrt{1300^2+1000^2}}=0.79$$

答：其平均功率因数为 0.79。

Lb5D2021 某用户有 2 盏 60W 灯泡，每天使用 3h，一台电视机功率为 60W，平均每天收看 2h，冰箱一台平均每天耗电 1.1kWh。求该户每月（30 天）需交多少电费 M(0.27 元/kWh)。

解：设灯泡每天耗电为 W_1，电视每天耗电为 W_2，冰箱每天耗电 W_3=1.1kWh，即

W_1=2×60×3=360=0.36（kWh）

W_2=60×2=120=0.12（kWh）

W_3=1.1（kWh）

M=0.27(W_1+W_2+W_3)×30=(0.36+0.12+1.1)×30×0.27

　=12.8（元）

答：该户每月需交电费约 12.8 元。

Lb5D3022 一个 2.4H 的电感器，在多大频率时具有 1500Ω 的感抗？

解：感抗 $X_L=\omega L=2\pi fL$，则

$$f=\frac{X_L}{2\pi L}=\frac{1500}{2\times3.14\times2.4}=99.5（Hz）$$

答：在 99.5Hz 时具有 1500Ω的感抗。

Lb5D4023 某企业使用 100kVA 变压器一台（10/0.4kV），在低压侧应配置多大变比的电流互感器？

解：按题意有

$$I = \frac{S}{\sqrt{3}U} = \frac{100}{1.732 \times 0.4} = 144 \ (\text{A})$$

答：可配置 150/5 的电流互感器。

Lb5D5024 供电所在一次营业普查过程中发现,某低压动力用户超过合同约定私自增加用电设备 3kW,问应交违约使用电费 M_1 多少元？

解：根据《供电营业规则》第一百条第二款规定,超过合同约定私自增加用电设备容量的,每千瓦应交纳 50 元的违约使用电费,则该户应交纳的违约使用电费为

$$M_1 = 3 \times 50 = 150 \ \text{元}$$

答：该户应交纳违约使用电费 150 元。

Lb4D1025 一台变压器从电网输入的功率为 150kW，变压器本身的损耗为 20kW。试求变压器的效率。

解：输入功率

$$P_i = 150\text{kW}$$

输出功率

$$P_o = 150 - 20 = 130 \ (\text{kW})$$

变压器的效率

$$\eta = \frac{P_o}{P_i} \times 100\% = \frac{130}{150} \times 100\% = 86.6 \ (\%)$$

答：变压器的效率为 86.6%。

Lb4D2026 SW4–110 型断路器,额定断流容量为 4000MVA,

计算该型断路器额定动稳定电流是多少？

解：已知断路器额定断流容量 S_n=4000MVA，额定电压 U_n=110kV

额定开断电流为

$$I_\mathrm{noc}=\frac{S_\mathrm{n}}{\sqrt{3}U_\mathrm{n}}=\frac{4000}{\sqrt{3}\times110}\approx21\ (\mathrm{kA})$$

动稳定电流为

$$I_\mathrm{nds}=2.55\times I_\mathrm{noc}=2.55\times21=53.55\ (\mathrm{kA})$$

答：该型断路器额定动稳定电流为 53.55kA。

Lb4D3027 某工厂因电能表接线错误而倒转，电能表原示数为 4000kWh，到发现改正接线时，电能表示数为 2000kWh。经检查其错误接线计量功率为 $P'=-UI\sin\varphi$，该厂功率因数 $\cos\varphi$=0.85。问应补算多少电量？

解：当 $\cos\varphi$=0.85 时，$\sin\varphi$=0.525，更正率为

$$\varepsilon_\mathrm{P}=\frac{P-P'}{P'}\times100\%$$

$$=\frac{\sqrt{3}UI\cos\varphi-(-UI\sin\varphi)}{-UI\sin\varphi}\times100\%$$

$$=\frac{\sqrt{3}\times0.85+0.525}{-0.525}\times100\%=-380.4\ (\%)$$

应追补电量

$$\Delta A_\mathrm{P}=\varepsilon_\mathrm{P}\,A'_\mathrm{P}=-380.4\%\times(2000-4000)=7608\ (\mathrm{kWh})$$

答：应追补电量为 7608kWh。

Lb4D5028 有一盏 40W 的日光灯，电压为 220V，功率因数为 0.443，为了提高它的功率因数，并联电容 C 为 4.175μF。求并联电容前后电路的总电流 I_1、I 和并联电容后的功率因数 $\cos\varphi_2$。

解：已知 U=220V，P=40W，$\cos\varphi_1$=0.443，C=4.175μF，则

$$P=UI_1\cos\varphi_1$$

得并联前总电流

$$I_1=\frac{P}{U\cos\varphi_1}=\frac{40}{220\times0.443}=0.41（A）$$

根据 $\cos\varphi_1$=0.443，得 $\sin\varphi_1$=0.9

$$I_L=I_1\sin\varphi_1=0.41\times0.9=0.37（A）$$
$$I_R=I_1\cos\varphi_1=0.41\times0.443=0.18（A）$$
$$I_C=\omega CU=2\times3.14\times50\times220\times4.175\times10^{-6}$$
$$\approx0.288（A）$$

并联电容后的总电流为

$$I=\sqrt{I_R^2+(I_L-I_C)^2}=\sqrt{0.18^2+(0.37-0.288)^2}$$

$$=0.198（A）$$

并联电容后功率因数为

$$\cos\varphi_2=\frac{I_R}{I}=\frac{0.18}{0.198}=0.91$$

答：并联电容前后总电流分别为 0.41A、0.198A，并联后的功率因数为 0.91。

Lb3D1029　某电力用户装有 250kVA 变压器一台，月用电量 85 000kWh，功率因数按 0.85 计算，试计算该用户变压器利用率 η 是多少？

解：按题意变压器利用率

$$\eta=\frac{月用电量}{变压器容量\times功率因数\times720}\times100\%$$

$$=\frac{85\,000}{250\times0.85\times720}\times100\%=56（\%）$$

答：该用户变压器利用率为 56%。

Lb3D2030 一台变压器从电网输入的功率为 100kW，变压器本身的损耗为 8kW。试求变压器的利用率为多少？

解：输入功率为

$$P_1=100kW$$

输出功率为

$$P_2=100-8=92（kW）$$

变压器的利用率为

$$\eta=\frac{P_2}{P_1}\times100\%=\frac{92}{100}\times100\%=92（\%）$$

答：变压器的利用率为 92%。

Lb3D3031 有 315kVA，10/0.4kV 变压器一台，月有功电量 150MWh，无功电量是 120Mvarh。试求平均功率因数及变压器利用率？

解：已知 S_n=315kVA，W_P=150MWh，W_Q=120Mvarh，一个月以 30 天计

日平均有功负荷为

$$P=\frac{W_P}{h}=\frac{150\times10^3}{30\times24}=208（kW）$$

日平均无功负荷为

$$Q=\frac{W_Q}{h}=\frac{120\times10^3}{30\times24}=167（kvar）$$

$$S=\sqrt{P^2+Q^2}=\sqrt{208^2+167^2}=267（kVA）$$

$$\cos\varphi=\frac{P}{S}=\frac{208}{267}=0.78$$

变压器利用率为

$$\eta=\frac{S}{S_n}\times100\%=\frac{267}{315}\times100\%=84.8（\%）$$

答：平均功率因数为 0.78；变压器利用率为 84.8%。

Lb3D4032 10/0.4kV，100kVA 的变压器两台，阻抗电压均为 5%，其中一台为 Y，yn0 接线，另一台为 Y，d11 接线。试计算当两台变压器并列时，二次环流有多大？

解：已知 U_1=10kV，U_2=0.4kV，额定容量 S_n=100kVA，阻抗电压为 U_d%=5%

∵两台变压器二次侧额定电流为

$$I_{2n}=\frac{S_n}{\sqrt{3}U_2}=\frac{100}{\sqrt{3}\times0.4}=145（A）$$

因为二次侧星形与三角形接线，线电压相量相差 30°角，所以

二次环流为 $I_{2h}=\dfrac{2\sin\dfrac{a}{2}}{\dfrac{2U_d\%}{I_{2n}\times100}}=\dfrac{2\sin\dfrac{30°}{2}}{\dfrac{2\times5}{145\times100}}=\dfrac{2\times0.259}{0.00069}=751（A）$

答：两台变压器并列时，二次环流 751A。

Lb3D5033 一条 380V 线路，导线为 LJ-35 型，电阻为 0.92Ω/km，电抗为 0.352Ω/km，功率因数为 0.8，输送平均有功功率为 30kW，线路长度为 400m。试求线路电压损失率ΔU%。

解：400m 导线总电阻和总电抗分别为

$$R=0.92\times0.4\approx0.37（\Omega）$$

$$X=0.352\times0.4\approx0.14（\Omega）$$

$$S=\frac{P}{\cos\varphi}=\frac{30}{0.8}=37.5（kVA）$$

$$Q=\sqrt{S^2-P^2}=22.5（kvar）$$

导线上的电压损失

$$\Delta U=\frac{PR+QX}{U}=\frac{30\times0.37+22.5\times0.14}{0.38}=37.5（V）$$

所以线路上的电压损失率

$$\Delta U\% = \frac{\Delta U}{U} \times 100\% = \frac{37.5}{380} \times 100\% \approx 9.8\ (\%)$$

答：线路电压损失率为 9.8%。

Lb2D1034　两支等高避雷针，其高度为 25m，两针相距 20m，计算在两针中间位置、高度为 7m 的平面上保护范围一侧最小宽度是多少米？

解：已知两支针高均为 $h = 25m$，两支针距离 $D = 20m$，被保护设备高度 $h_x = 7m$

当 $h \leqslant 30m$ 时，取 $P = 1$，则两针保护范围上边缘的最低高度为

$$h_0 = h - \frac{D}{7P} = 25 - \frac{20}{7} \approx 25 - 3 = 22\ (m)$$

所以两针中间 7m 高度平面上保护范围一侧最小宽度为

$$b_x = 1.5(h_0 - h_x) = 1.5(22 - 7) = 22.5\ (m)$$

答：最小宽度是 22.5m。

Lb2D2035　有两台 100kVA 变压器并列运行，第一台变压器的短路电压为 4%，第二台变压器的短路电压为 5%。求两台变压器并列运行时负载分配的情况？

解：由题设可知

$$S_{1n} = S_{2n} = 100kVA，\ U_{1k}\% = 4\%，\ U_{2k}\% = 5\%$$

第一台变压器分担的负荷

$$S_1 = \frac{S_{1n} + S_{2n}}{\dfrac{S_{1n}}{U_{1k}\%} + \dfrac{S_{2n}}{U_{2k}\%}} \times \frac{S_{1n}}{U_{1k}\%} = \frac{200}{\dfrac{100}{4} + \dfrac{100}{5}} \times \frac{100}{4}$$

$$= 111.11\ (kVA)$$

第二台变压器分担的负荷

$$S_2 = \frac{S_{1n} + S_{2n}}{\dfrac{S_{1n}}{U_{1k}\%} + \dfrac{S_{2n}}{U_{2k}\%}} \times \frac{S_{2n}}{U_{2k}\%} = \frac{200}{\dfrac{100}{4} + \dfrac{100}{5}} \times \frac{100}{5}$$

$$=88.89 \text{（kVA）}$$

答：第一台变压器因短路电压小而过负荷，而第二台变压器则因短路电压大却负荷不足。

Lb1D1036 由供电局以 380V/220V 供电的居民张、王、李三客户，2000 年 5 月 20 日，因公用变压器中性线断线而导致张、王、李家电损坏。26 日供电局在收到张、王两家投诉后，分别进行了调查，发现在这事故中张、王、李分别损坏电视机、电冰箱、电热水器各一台，且均不可修复。用户出具的购货票表明：张家电视机原价 3000 元，已使用了 5 年；王家电冰箱购价 2500 元，已使用 6 年；李家热水器购价 2000 元，已使用 2 年。供电局是否应向客户赔偿，如赔，怎样赔付？

解：根据《居民用户家用电器损坏处理办法》，三客户家用电器损坏为供电部门负责维护的供电故障引起，应作如下处理。

（1）张家，及时投诉，应赔偿。赔偿人民币 3000×(1−5/10)=1500（元）。

（2）王家，及时投诉，应赔偿。赔偿人民币 2500×(1−6/12)=1250（元）。

（3）李家，因供电部门在事发 7 日内未收到李家投诉，视为其放弃索赔权，不予赔偿。

答：供电部门对张、王两家应分别赔偿 1500 元和 1250 元，而对李家则不予赔偿。

Jd5D1037 某滚珠轴承厂，年用电量约为 609.5 万 kWh，求该厂最大负荷约为多少？（最大负荷年利用小时数 T_{max}=5300h）

解：已知 A=609.5×10^4kWh，T_{max}=5300h，则

$$P_{max} = \frac{A}{T_{max}} = \frac{6\,095\,000}{5300} = 1150 \text{（kW）}$$

答：该厂最大负荷约为 1150kW。

Jd5D2038 某用电单位月有功电量 500 000kWh，无功电量 400 000kvarh，月利用小时为 500h，问月平均功率因数 $\cos\varphi_1$ 为多少？若将功率因数提高到 $\cos\varphi_2=0.9$ 时，需补偿多少无功功率 Q_C？

解：补偿前月平均功率因数

$$\cos\varphi_1 = \frac{W_P}{\sqrt{W_P^2 + W_Q^2}} = \frac{500\,000}{\sqrt{500\,000^2 + 400\,000^2}} = 0.78$$

补偿后月平均功率因数 $\cos\varphi_2 = 0.9$，则需补偿的无功容量为

$$Q_C = P_P(\tan\varphi_1 - \tan\varphi_2)$$

$$= P_P\left[\sqrt{\frac{1}{(\cos\varphi_1)^2} - 1} - \sqrt{\frac{1}{(\cos\varphi_2)^2} - 1}\right]$$

$$= \frac{500\,000}{500}\left(\sqrt{\frac{1}{0.78^2} - 1} - \sqrt{\frac{1}{0.9^2} - 1}\right)$$

$$= 1000(0.802 - 0.484) = 318 \ (\text{kvar})$$

答：$\cos\varphi_1$ 为 0.78，需补偿 318kvar。

Jd5D3039 供电所在普查中发现，某低压动力用户绕越电能表用电，容量 2kW，且接用时间不清，问按规定该用户应补交电费 ΔM 为多少元？违约使用电费 M 多少元？（假设电价为 0.7 元/kWh）

解：根据《供电营业规则》，该用户的行为为窃电行为，其窃电时间应按 180 天、每天 12h 计算。

该用户应补交电费

$$\Delta M = 2 \times 180 \times 12 \times 0.7 = 3024 \ (\text{元})$$

违约使用电费

$$M = 3024 \times 3 = 9072 \ (\text{元})$$

答：应追补电费 3024 元，违约使用电费 9072 元。

Jd5D4040　有一台三角形连接的三相电动机，接于线电压为 380V 的电源上，电动机的额定功率为 2.74kW、效率 η 为 0.8，功率因数为 0.83。试求电动机的相电流 I_{ph} 和线电流 I_{p-p}？

解：已知线电压 U_{p-p}=380V，电动机输出功率 P_{ou}=2.74kW，功率因数 $\cos\varphi$=0.83，电动机效率 η=0.8。则电动机输出功率为

$$P_{ou}=\sqrt{3}\,U_{p-p}I_{p-p}\cos\varphi\eta$$

线电流　$I_{p-p}=\dfrac{P_{ou}}{\sqrt{3}U_{p-p}\cos\varphi\eta}=\dfrac{2.74\times10^3}{\sqrt{3}\times380\times0.8\times0.83}$

≈6.27（A）

由于在三角形接线的负载中，线电流 $I_{p-p}=\sqrt{3}\,I_{ph}$，则相电流

$$I_{ph}=\frac{I_{p-p}}{\sqrt{3}}=\frac{6.27}{1.732}\approx3.62（A）$$

答：电动机的相电流为 3.62A，线电流为 6.27A。

Jd4D1041　某水泥厂 10kV 供电，合同约定容量为 1000kVA，该用户按容量计收基本电费，供电局于 6 月份抄表时发现该客户在高压计量之后，接用 10kV 高压电动机一台，容量为 100kVA，实际用电容量为 1100kVA。经确认，私自增容时间为 2 个月，供电部门应如何处理？［基本电费为 28 元/（kVA·月）］

解：根据《供电营业规则》，该用户的行为属私自增容的违约用电行为，应作如下处理。

（1）补收二个月基本电费 100×28×2=5600（元）。

（2）加收违约使用电费 5600×3=16 800（元）。

（3）拆除私接的高压电动机，若用户要求继续使用，则按增容办理，收取供电贴费。

答：补收二个月基本电费 5600 元；加收违约使用费 16 800 元；拆除私接的高压电动机，若用户要求继续使用，则按增容办理。

Jd4D2042 某工厂最大负荷月的平均有功功率为 400kW，$\cos\varphi_1=0.6$，要将功率因数提高到 0.9 时，问需要装设电容器组的总容量应该是多少？

解：根据公式

$$Q_C = P\left[\sqrt{\frac{1}{\cos^2\varphi_1}-1} - \sqrt{\frac{1}{\cos^2\varphi_2}-1}\right]$$

式中：P 为最大负荷月的平均有功功率（kW），$\cos\varphi_1$、$\cos\varphi_2$ 为补偿前后的功率因数值，则

$$Q_C = 400\times\left(\sqrt{\frac{1}{0.6^2}-1} - \sqrt{\frac{1}{0.9^2}-1}\right) = 339（\text{kvar}）$$

答：需要装设电容器组的总容量应该是 339kvar。

Jd4D3043 某工厂 380V 三相供电，用电日平均有功负荷为 100kW，高峰负荷电流为 200A，日平均功率因数为 0.9。试问该厂的日负荷率 K_d 为多少？

解：已知供电电压 $U=380$V，高峰电流 $I=200$A，$\cos\varphi=0.9$，日平均有功负荷 $P_P=100$kW

则根据公式，日负荷率

$$K_d = \frac{\text{日平均有功负荷}}{\text{日最高有功负荷}}\times100\%$$

其中，日最高有功负荷

$$P_{\max} = \sqrt{3}\,UI\cos\varphi = 1.732\times0.38\times200\times0.9 = 118.47（\text{kW}）$$

则日负荷率

$$K_d = \frac{100}{118.47}\times100\% = 84.4（\%）$$

答：该厂的日负荷率为 84.4%。

Jd4D4044 一化工厂某月用电为 72 万 kWh，最大负荷为 2000kW。求月负荷率 K。

解：月平均负荷

$$P_{av} = \frac{W_P}{t} = \frac{720\,000}{24 \times 30} = 1000 \ （kW）$$

月负荷率

$$K = \frac{P_{av}}{P_{max}} \times 100\% = \frac{1000}{2000} \times 100\% = 50 \ （\%）$$

答：月负荷率为 50%。

JD4D4045 一机械厂某月用电为 36 万 kWh，月最大负荷为 900kW，求月负荷率 K。

解：月平均负荷

$$P_{av} = \frac{W_P}{t} = \frac{360\,000}{24 \times 30} = 500 \ （kW）$$

月负荷率

$$K = \frac{P_{av}}{P_{max}} \times 100\% = \frac{500}{900} \times 100\% = 55.5 \ （\%）$$

答：月负荷率为 55.5%。

Jd3D1046 有一台变压器，容量为 200kVA 空载损耗为 0.6kW，短路损耗为 2.4kW。试求变压器输出功率为额定容量的 80% 时，变压器的效率为多少？

解：已知变压器空载损耗，即铁损耗 $\Delta P_{Fe} = 0.6kW$；变压器短路损耗，即铜损耗 $\Delta P_{Cu1} = 2.4kW$，变压器输出功率为额定容量的 80%，$P_{ou} = 200 \times 80\% = 160 \ （kW）$。

因为变压器输出功率为 80% 时的铜损耗为

$$\Delta P_{Cu2} = \Delta P_{Cu1}(80\%)^2 = 2.4 \times 0.64 = 1.536 \ （kW）$$

所以输入功率

$$P_{in} = P_{ou} + \Delta P_{Fe} + \Delta P_{Cu2} = 160 + 0.6 + 1.536 = 162.136 \ （kW）$$

又因为变压器效率 $\eta = \dfrac{P_{ou}}{P_{in}} \times 100\%$，所以

$$\eta = \frac{160}{162.136} \times 100\% = 98.7 \ (\%)$$

答：变压器的效率为 98.7%。

Jd3D2047 电力客户—某市第二人民医院，10kV 供电，配变容量 560kVA（普通型变压器），供医护人员生活及医疗用电需求。2000 年 5 月用电量如表 D-1 所示。

表 D-1　　　　　　　　　**2000 年 5 月用电量**

总计量点	有功电量（kWh）	无功电量（kvarh）	备注
	1 000 000	750 000	—
其中：居民生活用电	100 000		分表

问其本月功率因数是多少？调整率是多少？

解：其功率因数

$$\cos\varphi = \cos[\tan^{-1}(Q/P)] = 0.8$$

根据功率因数调整办法〔（83）水电财字 215 号〕有关规定，其调整标准为 0.85。

查表得调整率为 2.5%。

答：功率因数为 0.8，调整率为 2.5%。

Jd2D1048 某工厂用电三相负荷平衡，装有单相瓦特表，指示功率 50kW，电压表指示 380V，电流表指示为 300A。试求该厂的功率因数和无功功率。

解：已知 $P = 50\text{kW}$，$U_{\text{p-p}} = 380\text{V}$，$I = 300\text{A}$。

因为三相负荷平衡，则三相有功功率为

$$P = 50 \times 3 = 150\text{kW}$$

三相视在功率为

$$S = \sqrt{3}\, UI = \sqrt{3} \times 0.38 \times 300 \approx 197.45 \ (\text{kVA})$$

$$\cos\varphi = \frac{P}{S} = \frac{150}{197.45} \approx 0.76$$

无功功率为

$$Q=\sqrt{S^2-P^2}=\sqrt{197.45^2-150^2}=128.4 \text{ (kvar)}$$

答：该厂的功率因数为 0.76，无功功率为 128.4kvar。

Je5D1049 一客户电能表，经计量检定部门现场校验，发现慢 10%（非人为因素所致），已知该电能表自换装之日起至发现之日止，表计电量为 900 000kWh。问应补多少电量ΔW？

解：假设该用户正确计量电能为 W，则有

$$(1-10\%)\times W=900\ 000$$
$$W=900\ 000/(1-10\%)$$
$$W=1\ 000\ 000 \text{ (kWh)}$$

根据《供电营业规则》第八十条第 1 款规定：电能表超差或非人为因素致计量不准，按投入之日起至误差更正之日止的二分之一时间计算退补电量，则应补电量

$$\Delta W=\frac{1}{2}\times(1\ 000\ 000-900\ 000)=50\ 000 \text{ (kWh)}$$

答：应补电量 50 000kWh。

Je5D1050 某厂一月份电费总额为 6 万元，当月逾期交费天数为 20 天；另去年 12 月份电费未交，总额为 9 万元。试求该厂去年 12 月和今年 1 月共应交电费 M 是多少？

解：1 月份电费违约金，每日按当月欠费额的千分之二计算，则电费违约金

$$\Delta M_1=6\times20\times2\text{‰}=0.24 \text{ (万元)}$$

1 月份应交电费及电费违约金

$$M_1=6+0.24=6.24 \text{ (万元)}$$

去年 12 月份电费违约金，每日按欠费总额的千分之三计算，欠费天数为 51 天，则

电费违约金

$$\Delta M_{12}=9\times51\times3\text{‰}=1.377 （万元）$$

应交电费及电费违约金

$$M_{12}=9+1.377=10.377 （万元）$$

两个月共应交电费及电费违约金

$$M=M_1+M_{12}=6.24+10.377=16.617 （万元）$$

答：应交电费是 16.617 万元。

Je5D2051 某低压计量装置，电能表常数 $H=450\text{r/kWh}$，抄表器显示 TA 为 100/5。在稳定的动力负荷情况下，测得计量点一次侧 $U_{AB}=U_{BC}=U_{AC}=0.4\text{kV}$，$I_A=I_B=I_C=100\text{A}$，$\cos\varphi=0.8$，电能表表盘转一圈的时间 $t=8\text{s}$。求计量误差 δ 百分数（保留 1 位小数）。

解：实际计量有功功率

$$P=\sqrt{3}\,UI\cos\varphi=\sqrt{3}\times0.4\times100\times0.8=55.43 （kW）$$

电能表转一圈的理论时间

$$T=(3600\times20)\div(450\times55.43)=2.89 （s）$$

计算误差

$$\delta=100\%\times(T-t)/t=-63.9 （\%）$$

答：计量误差为 63.9%。

Je5D3052 某用户有功功率为 1.1kW，供电电压为 220V，工作电流为 10A。试求该户的功率因数是多少？

解：按题意和功率计算式，得

$$\cos\varphi=\frac{P_n}{UI}=\frac{1.1\times10^3}{220\times10}$$
$$=0.5$$

答：该用户的功率因数为 0.5。

Je5D4053 某用户装有一块三相四线电能表，并装有三台 200/5 电流互感器，其中一台 TA 因过载烧坏，用户在供电局因故未到场而自行更换为 300/5 TA，半年后才发现。在此期间，该装置计量有功电量为 50 000kWh，假设三相负荷平衡，求应补电量ΔW为多少？

解： 以 TA 二次侧功率为参照。根据给定条件有：

TA 烧坏以前的有功功率为

$$P_1 = \sqrt{3}\,UI\cos\varphi/40$$

式中：U、I分别为相电压及相电流。

TA 烧坏以后的有功功率为

$$P_2 = UI\cos\varphi/40 + UI\cos\varphi/40 + UI\cos\varphi/60 = UI\cos\varphi/15$$

更正率

$$\varepsilon_P = [(3/40 - 1/15) \div (1/15)] \times 100\% = 12.5\,（\%）$$

K 为正，则应补电量

$$\Delta W = 12.5\% \times 50\,000 = 6250\,（kWh）$$

答： 应补电量 6250kWh。

Je5D5054 某工业用户，当月有功电量为 10 000kWh，三相负荷基本平衡，开箱检查，发现有功电能表（三相四线）一相电压线断线，应补电量ΔW为多少？

解： 设每相有功功率为 P，则一相电压线断线后，电能表计费电量

$$W = 2 \times P \times t$$

而实际消耗电量

$$W' = 3 \times P \times t$$

故应补电量

$$\Delta W = [(W' - W) \div W] \times 100\% \times 10\,000 = 5000\,（kWh）$$

答： 应补电量 5000kWh。

Je4D1055 已知某 10kV 高压供电工业用户，TA 变比为 50/5，TV 变比为 10 000/100，有功表起码为 165kWh，止码为 236kWh。试求该用户有功计费电量 W 为多少？

解：该用户计费倍率为

$$\varepsilon=50/5\times10\ 000/100=1000$$

该用户有功计费电量

$$W=\varepsilon(235-165)=1000\times(235-165)=7000\ (\text{kWh})$$

答：该用户有功计费电量为 7000kWh。

Je4D1056 一动力用户，受电变压器容量为 320kVA，现查明该用户窃电，窃电时间无法查明，该用户执行的电价为 0.4 元/kWh，试计算对该用户应追补电量 ΔW、补交电费 ΔM 及违约使用电费 M。

解：根据《供电营业规则》第 102 条及 103 条规定，应追补电量为

$$\Delta W=180\ \text{天}\times12\times320=691\ 200\ (\text{kWh})$$

补交电费

$$\Delta M=0.4\times691\ 200=276\ 480\ (\text{元})$$

违约使用电费

$$M=276\ 480\times3=829\ 440\ (\text{元})$$

答：应追补电量 691 200kWh，补交电费 276 480 元，违约使用电费 829 440 元。

Je4D1057 某一高供高计用户，本月抄见有功电量为 $W_P=1\ 582\ 000$kWh，无功电量为 $W_Q=299\ 600$kvarh。求该户当月加权平均功率因数？

解：根据题意

$$\cos\varphi=\frac{1}{\sqrt{1+\left(\dfrac{W_Q}{W_P}\right)^2}}=\frac{1}{\sqrt{1+\left(\dfrac{299\ 600}{1\ 582\ 000}\right)^2}}=0.98$$

答：该户当月加权平均功率因数为 0.98。

Je4D2058 某工厂有一台 315kVA 的三相变压器，原有负荷为 210kW，平均功率因数为 0.7，试问此变压器能否满足供电需要？现在生产发展负荷增到 280kW，问是否要增加变压器容量？若不增加变压器容量，可采取什么办法？

解：根据题意，视在功率

$$S_1 = P/\cos\varphi = 210/0.7 = 300 \text{（kVA）}$$

此时变压器能够满足供电需要。

当负荷增到 280kW 时

$$S_2 = P/\cos\varphi = 280/0.7 = 400\text{kVA} > 315 \text{（kVA）}$$

则原变压器已不能满足正常供电需要。

若采取措施将平均功率因数由 0.7 提高到 0.9，则

$$S = 280/0.9 = 311\text{kVA} < 315 \text{（kVA）}$$

此时变压器可满足需要，不必加容量。

答：原有负荷为 210kW，功率因数为 0.7 时，S_1 为 300kVA，变压器能满足要求；当负荷为 280kW，功率因数仍为 0.7 时，S_2 为 400kVA，变压器不能满足要求；当负荷仍为 280kW，将功率因数提高为 0.9 时，变压器可不增加容量即可满足负荷要求。

Je4D3059 某 10kV 用电户，高压侧三相电能表计量收费，已知该户装配的电流互感器变比为 30/5，电压互感器变比为 10 000/100。求该户的计费总倍率为多少？

解：计费倍率为

$$\varepsilon = K_{TA}K_{TV} = \frac{30}{5} \times \frac{10\ 000}{100} = 600 \text{（倍）}$$

答：该户的计费总倍率为 600 倍。

Je4D4060 一台容量为 1000kVA 的变压器，24h 的有功用电量为 15 360kWh，功率因数为 0.85。试求 24h 变压器利用率？

解：已知变压器容量 S_n=1000kVA，24h 电量 A=15 360kWh，$\cos\varphi$=0.85，由此可求出，变压器 24h 的平均负荷为

$$P=\frac{A}{t}=\frac{15\,360}{24}=640\text{（kW）}$$

平均使用容量为

$$S=\frac{p}{\cos\varphi}=\frac{640}{0.85}=753\text{（kVA）}$$

则变压器的利用率为

$$\eta=\frac{S}{S_n}\times100\%=\frac{753}{1000}\times100\%=75\text{（\%）}$$

答：变压器 24h 的利用率为 75%。

Je4D5061　某独立电网，其火电厂某月发电量 10 万 kWh，厂用电电量 4%。独立电厂内另有一座上网水电站，购电关口表当月电量为 1.5 万 kWh；另外，该电网按约定向另一供电区输出电量 3.7 万 kWh。该电网当月售电量为 6.9 万 kWh，问独立电网当月线损率为多少？

解：根据线损率计算公式，有

线损率=(供电量–售电量)÷供电量

供电量=发电量+购入电量–厂用电量–输出电量，得

供电量=10+1.5–3.7–10×4%=7.76（万 kWh）

线损率=(7.76–6.9)÷7.76=11.08（%）

答：该电厂当月线损率为 11.08%。

Je4D5062　某居民用户反映电能表不准，检查人员查明这块电能表准确等级为 2.0，电能表常数为 3600r/kWh，当用户点一盏 60W 灯泡时，用秒表测得电表转 6r 用电时间为 1min。试求该表的相对误差为多少，并判断该表是否不准？如不准是快了还是慢了？

解：根据公式计算正常情况下，该表转 6r 所需时间

$$T=N/(C\times P)=6\times3600\times1000/(3600\times60)=100（s）$$

相对误差为

$$R=(T-t)/t=(100-60)/60=66.7\%>2\%$$

所以该表不准，转快了。

答：该表不准，转快了。

Je3D1063 有一只三相三线电能表，在 A 相电压回路断线的情况下运行了四个月，电能累计为 5 万 kWh，功率因数约为 0.8，求追退电量 ΔA_P。

解：A 相断线时，实际功率表达式为

$$P'=U_{CB}I_C\cos(30°-\varphi)$$
$$=UI\left(\frac{\sqrt{3}}{2}\cos\varphi+\frac{1}{2}\sin\varphi\right)$$
$$=\frac{1}{2}UI(\sqrt{3}+\tan\varphi)\cos\varphi$$

更正系数为

$$K_P=P/P'=\frac{\sqrt{3}UI\cos\varphi}{\frac{1}{2}UI(\sqrt{3}+\tan\varphi)\cos\varphi}$$
$$=2\sqrt{3}/(\sqrt{3}+\tan\varphi)$$

当 $\cos\varphi=0.8$ 时，$\varphi=36°50'$，$\tan\varphi=0.75$，则

$$K_P=2\sqrt{3}/(3+0.75)=1.39$$

更正率为

$$\varepsilon_P=(K_P-1)\times100\%=(1.39-1)\times100\%=39（\%）$$

应追补电量为

$$\Delta A_P=39\%\times50\ 000=19\ 500（kWh）$$

答：应追补电量为 19 500kWh。

Je3D1064 某企业用电容量为 1000kVA，2008 年 7 月份的用电量为 100 000kWh，如基本电价为 28 元/kVA，电能电价

为 0.5 元/kWh，求其月平均电价 M_{av} 为多少？若要将平均电价降低 0.05 元/kWh，则其月用电量最少应为多少？（不考虑功率因数调整电费）

解：该企业五月份平均电价

$$M_{av}=\frac{1000\times28+100\ 000\times0.5}{100\ 000}=0.78（元/kWh）$$

若要将平均电价降低 0.05 元/kWh，设千瓦·时数为 X，则有

$$\frac{1000\times28+X\times0.5}{X}=0.78-0.05$$

解方程式得

$$X=121\ 739（kWh）$$

答：该用户月用电量最少应为 121 739kWh。

Je3D2065 某供电营业所有三条出线，某月甲线供电量为 180 000kWh、售电量为 117 200kWh，乙线供电量为 220 000kWh、售电量为 209 000kWh，丙线为无损户、供电量为 400 000kWh。试求该供电营业所当月总线损率为多少？若扣除无损户后总线损率为多少？

解：按题意分别求解如下

该供电营业所总供电量=180 000+220 000+400 000

$$=800\ 000（kWh）$$

总售电量=117 200+209 000+400 000=726 200（kWh）

总线损率=[(供电量−售电量)÷供电量]×100%

$$=[(800\ 000−726\ 200)÷800\ 000]×100\%=9.23（\%）$$

扣除无损户后总线损率=[(180 000+220 000−117 200

$$−209\ 000)÷(180\ 000+220\ 000)]×100\%$$

$$=18.45（\%）$$

答：该供电营业所当月总线损率为 9.23%，扣除无损户后总线损率为 18.45%。

Je3D3066 有一客户，电能表上标有"200/5、10 000/100、×100"字样，其实际装配 400/5TA 和 35 000/100TV，某月，电能表表码读数差为 275，请计算该电能计量装置实际计费电量 W。

解： 设该计量装置实际计费倍率为 X，则有

(200/5×10 000/100):100=(400/5×35 000/100):X

X=100×(400/5×35 000/100)÷(200/5×10 000/100)

=700

计费电量

$$W=700×275=192\ 500（kWh）$$

答： 实际计费电量为 192 500kWh。

Je3D4067 某工业用户为单一制电价用户，并与供电企业在供用电合同中签订有电力运行事故责任条款，7 月份由于供电企业运行事故造成该用户停电 30h，已知该用户 6 月正常用电量为 30 000kWh，电价为 0.40 元/kWh。试求供电企业应赔偿该用户多少元？

解： 根据《供电营业规则》，对单一制电价用户停电企业应按用户在停电时间内可能用电量电费的四倍进行赔偿，即

赔偿金额=可能用电时间×每小时平均用电量×电价×4

=30×(30 000÷30÷24)×0.40×4

=2000（元）

答： 供电企业应赔偿该用户 2000 元。

Je3D5068 某低压三相四线动力用户有功功率为 80kW，实测相电流为 150A，线电压为 380V。试求该用户功率因数为多少？（答案保留两位有效数字）

解： 根据公式 $P=\sqrt{3}UI\cos\varphi$，得

$$\cos\varphi=\frac{P}{\sqrt{3}UI}=\frac{80×10^3}{\sqrt{3}×380×150}=0.81$$

答： 该用户的功率因数为 0.81。

Je2D1069 某抄表员在一次抄表时发现某工业用户有功分时计费电能表（三相四线制）一相电流回路接反，已知从上次装表时间到现在为止该用户抄见有功电量为 80 000kWh、高峰电量为 30 000kWh、低谷电量为 20 000kWh。请问该用户应补交电费多少元？（假设平段电价为 0.40 元/kWh，高峰电价为平段电价的 150%，低谷电价为平段电价的 50%）。

解：因一相电流线圈接反，所以电量更正率为 200%。

应追补高峰电费=30 000×200%×0.40×150%

=36 000（元）

低谷电费=20 000×200%×0.40×50%=8000（元）

平段电费=(80 000−30 000−20 000)×200%×0.4

=24 000（元）

应补交电费=36 000+8000+24 000=68 000（元）

答：该用户应补交电费 68 000 元。

Je2D2070 某线路电压为 380V，采用钢芯铝绞线，其截为 35mm^2，长度为 400m，平均负荷 200kW。试求线路月损耗电能多少？（导线直流电阻 0.085 4Ω/km，功率因数为 0.85）

解：400m 的导线直流电阻

$$R=R_0L=0.085\ 4×0.4=0.034\ 16Ω$$

$$I=\frac{P}{\sqrt{3}U\cos\varphi}=\frac{200×10^3}{\sqrt{3}×380×0.85}=357.5（A）$$

∴400m 导线月损耗电能为

$$\Delta W=I^2Rt×10^{-3}$$
$$=357.5^2×0.034\ 16×30×24×10^{-3}$$
$$=3143.41（kWh）$$

答：线路月损耗为 3143.41kWh。

Je2D3071 某工业用户采用 10kV 专线供电，线路长度为 5km，每公里导线电阻为 $R=1Ω$。已知该用户有功功率为 200kW，无功功率为 150kvar。试求该导线上的线损率为多少？

解：在该线路上损失的有功功率为

$$\Delta P = 3I^2RL = 3 \times \left(\frac{S}{\sqrt{3}U}\right)^2 \times RL$$

$$= 3 \times \frac{P^2+Q^2}{3U^2} \times RL$$

$$= \frac{P^2+Q^2}{U^2} \times R \times L = \frac{200^2+150^2}{10^2} \times 1 \times 5$$

$$= 3125W = 3.125 \text{（kW）}$$

该导线上的线损率为

$$\frac{\Delta P}{P} = \frac{3.125}{200} = 1.562\,5 \text{（%）}$$

答：该导线上的线损率为 1.562 5%。

Je2D4072 某工业用户采用三相四线制低压供电，抄表时发现当月电量有较大变化,经万用表实际测量相电压为 220V，电流为 5A，电流互感器变比为 150/5，有功电能表表码为 1234.2kWh，无功电能表表码为 301.1kWh。6min 后，有功电能表表码为 1234.4kWh，无功电能表表码为 301.2kWh。请问该用户的电能表是否准确？如不正确，请判断可能是什么故障？

解：根据万用表测量结果得该用户实际视在功率为

$$S = 220 \times 5 \times 30 \times 3 = 99\,000VA = 99 \text{（kVA）}$$

根据电能表计算得该用户有功功率为

$$P = (1234.4 - 1234.2) \times 30 \div 0.1 = 60 \text{（kW）}$$

无功功率为

$$Q = (301.2 - 301.1) \times 30 \div 0.1 = 30 \text{（kvar）}$$

总视在功率为

$$S_\Sigma = \sqrt{60^2 + 30^2} = 67.08 \text{（kVA）} \approx 99 \times 2/3 \text{（kVA）}$$

答：由于电能表表码与万用表测量数据大约相差 1/3，因此可判断电能表不准，可能故障为 1 相断线。

Je2D5073 一三相四线电能计算装置，经查其 A、B、C 三相所配 TA 变比分别为 150/5、100/5、200/5，且 C 相 TA 极性反接。计量期间，供电部门按 150/5 计收其电量 W_{inc}= 210 000kWh，问该计量装置应退补电量ΔW是多少？

解：以计量装置二次侧功率来看，正确的功率 P_{cor} 和错误的功率 P_{inc} 分别为

$P_{cor}=3 \times UI\cos\varphi \times 5/150$

$P_{inc}=UI\cos\varphi \times 5/150+UI\cos\varphi \times 5/100-UI\cos\varphi \times 5/200$

$\qquad =(7/120)UI\cos\varphi$

$\varepsilon_P=(P_{cor}-P_{inc})/P_{inc} \times 100\%$

$\qquad =[(1/10)-(7/120)]/(7/120) \times 100\%$

$\qquad =71.43\%$

因ε_P为正，所以应补电量为

$\Delta W=W_{inc} \times \varepsilon_P=210\,000 \times 71.43\%=150\,000$（kWh）

答：该计量装置应补电量 150 000kWh。

Je1D1074 某客户，10kV 照明用电，受电容量 200kVA，由两台 10kV 同系列 100kVA 节能变压器组成，其单台变压器损耗 $P_0=0.25$kW，$P_k=1.15$kW，并列运行。某月，因负荷变化，两台变压器负荷率都只有 40%，问其是否有必要向供电局申请暂停一台受电变压器？

解：两台变压器并列受电时，其损耗为

$P_{Fe}=2 \times 0.25=0.500$（kW）

$P_{Cu}=2 \times 1.15 \times \left(\dfrac{40}{100}\right)^2=0.368$（kW）

$P_\Sigma=P_{Fe}+P_{Cu}=0.500+0.368=0.868$（kW）

若暂停一台变压器时，其损耗则为

$$P'_{Fe} = 0.250 \text{kW}$$

$$P'_{Cu} = 1.15 \times \left(\frac{80}{100} \right)^2 = 0.736 \text{ （kW）}$$

$$P'_{\Sigma} = P'_{Fe} + P'_{Cu} = 0.250 + 0.736 = 0.986 \text{ （kW）}$$

$$P'_{\Sigma} > P_{\Sigma}$$

因照明用电执行单一制电价，不存在基本电费支出，若停用一台配电变压器后，变压器损耗电量反而增大，故不宜申办暂停。

Je1D2075 一台三相变压器的电压为 6000V，负荷电流为 20A，功率因数为 0.866。试求其有功功率、无功功率和视在功率。

解：三相变压器的有功功率为

$$P = \sqrt{3} \, U_1 I_1 \cos\varphi_1 = \sqrt{3} \times 6 \times 20 \times 0.866$$
$$= 180 \text{ （kW）}$$

无功功率

$$Q = \sqrt{3} \, U_1 I_1 \sin\varphi_1 = 3 \times 6 \times 20 \times \sqrt{1 - 0.866^2}$$
$$= 103.8 \text{ （kvar）}$$

视在功率

$$S = \sqrt{3} \, U_1 I_1 = \sqrt{3} \times 6 \times 20 = 207.8 \text{ （kVA）}$$

答：P 为 180kW，Q 为 103.8kvar，S 为 207.8kVA。

Jf5D1076 某厂有电容器 10 台，每台 10kvar，每台介质损耗为 0.004kW。试求在额定电压下运行 30 天的电能损失为多少？

解：已知每台电容器损耗功率 $\Delta P = 0.004 \text{kW}$，电容器台数为 10 台，则 10 台电容器介质损耗的总损耗功率为

$$\Delta P_{\Sigma} = 10 \times \Delta P = 0.04 \text{ （kW）}$$

30 天的总电能损耗为

$$\Delta A = \Delta P_{\Sigma} \times 30 \times 24 = 0.04 \times 30 \times 24 = 28.8 \text{（kWh）}$$

答：10 台电容器 30 天的电能损失为 28.8kWh。

Jf4D1077 一台 10kV、1800kVA 变压器，年负荷最大利用小时为 5000h，按经济电流密度选用多大截面的铝芯电缆比较合适？（铝导线经济电流密度为 1.54A/mm^2）

解：已知 U_n=10kV，S_n=1800kVA，T=5000h，则变压器额定电流为

$$I_n = \frac{S_n}{\sqrt{3}U_n} = \frac{1800}{\sqrt{3} \times 10} = 104 \text{（A）}$$

导线截面为

$$S = \frac{I_n}{J} = \frac{104}{1.54} \approx 67.5 \text{（mm}^2\text{）}$$

答：可选用 50～70mm^2 的铝芯电缆。

Jf3D1078 一条电压为 35kV 的输电线路，输送最大功率为 6300kW，功率因数为 0.8，经济电流密度按 1.15A/mm^2 来考虑，使用钢芯铝绞线，其长度为 2km。试按经济电流密度求导线截面？

解：已知 P=6300kW，$\cos\varphi$=0.8，L=2km，J=1.15A/mm^2，则视在电流值为

$$I = \frac{P}{\sqrt{3}U_n\cos\varphi} = \frac{6300}{\sqrt{3} \times 35 \times 0.8} = 130 \text{（A）}$$

导线截面为

$$S = \frac{I}{J} = \frac{130}{1.15} \approx 113 \text{（mm}^2\text{）}$$

据此应选用 LGJ–95～120 型导线。

答：导线截面约为 113mm^2。

Jf3D5079 某用户申请用电 1000kVA，电源电压为 10kV，

用电点距供电线路最近处约 6km，采用 $50mm^2$ 的钢芯铝绞线。计算供电电压是否合格。（线路参数 $R_0=0.211\Omega/km$，$X_0=0.4\Omega/km$）

解：额定电压 $U_n=10kV$，$S_n=1000kVA$，$L=6km$，则线路阻抗为

$$Z=\sqrt{R^2+X^2}=\sqrt{(0.211\times6)^2+(0.4\times6)^2}$$

$$=\sqrt{(1.266)^2+(2.4)^2}=\sqrt{1.603+5.76}$$

$$=\sqrt{7.363}=2.71（\Omega）$$

1000kVA 变压器的一次额定电流为

$$I_n=\frac{S_n}{\sqrt{3}U}=\frac{1000}{\sqrt{3}\times10}=\frac{1000}{17.32}=57.74（A）$$

则电压降为

$$\Delta U=IZ=57.74\times2.71=-156.48（V）$$

电压降值占 10kV 的比例为

$$\Delta U\%=\frac{-156.48}{10\,000}\times100\%=-1.56（\%）$$

答：根据规定，10kV 电压降合格标准为±7%，故供电电压合格。

Jf2D1080 变压器容量为 800kVA，电压比为 10/0.4kV，空载损耗为 1.67kW，短路损耗为 11.75kW，功率因数为 0.8，年平均负荷为 480kW。求该变压器的一年（8760h）的有功电能损耗为多少？

解：已知 $P=480kW$，$\cos\varphi=0.8$，$\Delta P_{Cu}=11.75kW$，$P_{Fe}=1.67kW$，则其视在功率

$$S=\frac{P}{\cos\varphi}=\frac{480}{0.8}=600（kVA）$$

变压器的利用率

$$\eta=\frac{S}{S_{\mathrm{T}}}=\frac{600}{800}=75（\%）$$

600kVA 时的短路损耗

$$\Delta W_{\mathrm{Cu}}=\Delta P_{\mathrm{Cu}}\eta^2 t=11.75\times0.75^2\times8760$$
$$=57\,898.13（\mathrm{kWh}）$$

空载损耗

$$\Delta W_{\mathrm{Fe}}=\Delta P_{\mathrm{Fe}}t=1.67\times8760=14\,629.2（\mathrm{kWh}）$$

∴ 变压器的年有功电能损耗

$$\Delta W=\Delta W_{\mathrm{Cu}}+\Delta W_{\mathrm{Fe}}=72\,527.33（\mathrm{kWh}）$$

答：变压器的年有功电能损耗为 72 527.33kWh。

Jf1D1081 某 10kV 供电高压电力用户，其配电变压器容量为 320kVA，该变压器的铁损耗为 1.9kW，铜损耗为 6.2kW，空载电流 7%，短路电压 4.5%，已知变压器视在功率为 256kVA。求该配电变压器此时的有功功率损耗和无功功率损耗（保留二位小数）？

解：根据变压器有功功率计算公式

$\Delta P_{\mathrm{T}}=\Delta P_0+\Delta P_{\mathrm{k}}\left(\dfrac{S}{S_{\mathrm{n}}}\right)^2$，得有功功率损耗为

$$\Delta P_{\mathrm{T}}=1.9+6.2\times\left(\frac{256}{320}\right)^2=5.87（\mathrm{kW}）$$

根据变压器无功功率计算公式

$\Delta Q_{\mathrm{T}}=I_0\%S_{\mathrm{n}}+U_{\mathrm{K}}\%S_{\mathrm{n}}\left(\dfrac{S}{S_{\mathrm{n}}}\right)^2$，得无功功率损耗为

$$\Delta Q_{\mathrm{T}}=7\%\times320+4.5\%\times320\times\left(\frac{256}{320}\right)^2=31.62（\mathrm{kvar}）$$

答：该变压器的有功功率损耗为 5.87kW，无功功率损耗为 31.62kvar。

Jd3D4082　某城市某居民客户，利用住宅开办营业食杂店，未办理用电变更手续，起讫时间无法查明，近 3 个月的月均用电量为 360kWh，供电企业应收取多少违约使用电费？[不满 1kV 商业电价 0.949 8 元/（kWh），居民生活电价 0.558 8 元/（kWh）]

　　解：追补差额电费=360×3×(0.949 8–0.558 8)=422.3（元）
　　　　违约使用电费=422.3×2=844.6（元）

　　答：供电企业应收违约使用电费 844.6 元。

Jd3D3083　有一电动机，铭牌标注的接线是Y、△，电压是 380/220V，电流是 6.48/11.2A，$\cos\varphi = 0.84$。试计算电动机在Y、△两种接线情况下，带额定负荷运行时输入电动机的功率。

　　解：Y接线时：$P_1 = \sqrt{3}\,UI\cos\varphi = \sqrt{3} \times 380 \times 6.48 \times 0.84 = 3582.6$（W）= 3.6（kW）

　　　　△接线时：$P_2 = \sqrt{3}\,UI\cos\varphi = \sqrt{3} \times 220 \times 11.2 \times 0.84 = 3585$（W）= 3.6（kW）

　　答：Y、△两种接线情况下，带额定负荷运行时输入电动机的功率均为 3.6kW。

Lb3D2084　一台 10kV/100V 电压互感器，二次绕组为 160 匝，如一次绕组少绕 5 匝，则该电压互感器比值差为多少？

　　解：一次绕组匝数应为

$$N_1 = K_{uN}N_2 = (10\,000/100)\times160 = 16\,000\ (\text{匝})$$

当一次绕组少绕 5 匝时比值差为

$$f_u = \frac{K_{uN} - K_u}{K_u}\times100\%$$

$$= \frac{10\,000/100 - (16\,000 - 5)/160}{(16\,000 - 5)/160}$$

$$= 0.031\%$$

即该电压互感器比值差为+0.031%。

　　答：一次绕组少绕 5 匝，则该电压互感器比值差为+0.031%。

Lb2D4085 供电企业发现某动力客户电能表潜动,经查潜动一周为 30s(即 0.5min),每天停用时间为 19h,电能表圆盘转数是 5000rad,倍率为 6 倍,潜动 72 天,应退多少电量?

解:应退电量$=\dfrac{\text{自转天数×每日停用时间×3600×倍率}}{\text{表盘自转一周的时间×电能表常数}}$

$$=\frac{72\times19\times3600\times6}{30\times5000}=198\text{(kWh)}$$

答:应退 198kWh 电量。

Lb2D3086 接入电能表电压端钮相序为 w、u、v,画出相应的电气接线图、相量图,并计算更正系数 k。

解:其接线图和相量图如图 D-8、图 D-9 所示,其接线方式为:

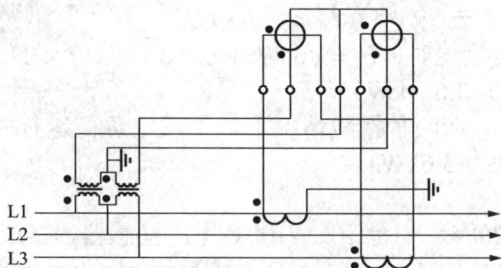

图 D-8

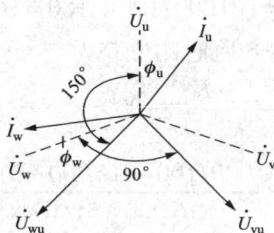

图 D-9

错误接线时功率为

$$P' = P_1' + P_2' = U_{wu}I_u \cos(150° + \varphi) + U_{vu}I_w \cos(90° + \varphi)$$
$$= -UI\cos(30° - \varphi) - UI\sin\varphi$$
$$= -\sqrt{3}UI\cos(60° - \varphi)$$

更正系数为

$$K = \frac{P}{P'} = \frac{\sqrt{3}UI\cos\varphi}{-\sqrt{3}UI\cos(60° - \varphi)} = -\frac{2}{1 + \sqrt{3}\tan\varphi}$$

答：接线图如图 D-8 所示；相量图如图 D-9 所示。更正系数 k 为 $-\dfrac{2}{1 + \sqrt{3}\tan\varphi}$。

4.1.5　绘图题

La5E1001　画出图 E-1 所示，M 平面上的磁力线及其方向。

答：如图 E-2 所示。

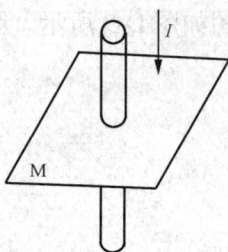

图 E-1

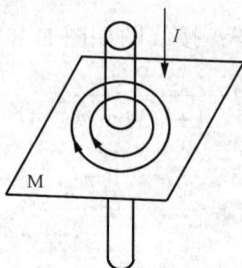

图 E-2

La5E2002　画出图 E-3 所示载流导线在磁场中的受力方向。

答：如图 E-4 所示。

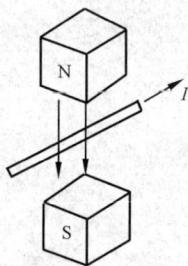

图 E-3

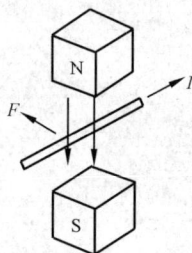

图 E-4

La5E3003　画出图 E-5 中线圈通入电流后磁力线的方向。

答：如图 E-6 所示。

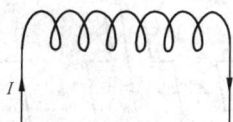

图 E-5

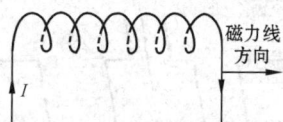

磁力线
方向

图 E-6

La5E4004 在电感、电容、电阻串联正弦交流电路中，画出其阻抗三角形图。

答：如图 E-7 所示。

La5E5005 在电阻、电感、电容串联电路中，画出其功率三角形图。

答：如图 E-8 所示。

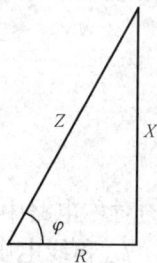

图 E-7

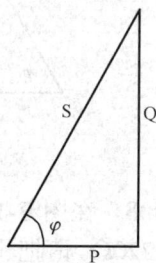

图 E-8

La4E1006 图 E-9 所示线圈中通过直流电流 I，试画出线圈在磁场中的转动方向。

答：如图 E-10 所示。

La4E2007 画出电阻、电感和电容串联交流电路的阻抗三角形。

答：如图 E-11 所示。

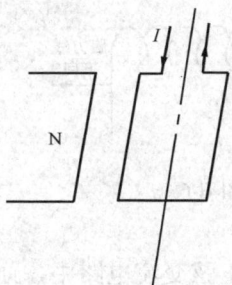

图 E-9

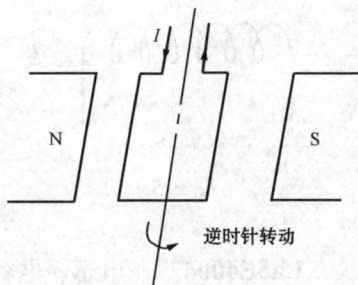

逆时针转动

图 E-10

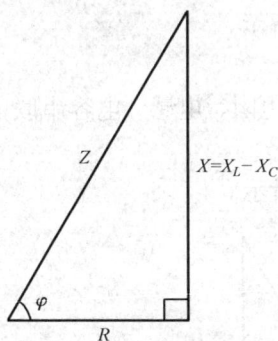

$X=X_L-X_C$

Z

R

φ

图 E-11

La4E3008　在图 E-12（a）所示的对称电路中，线电压等于 380V，$R=220\Omega$。请把相电流 $\dot{I}_U$、$\dot{I}_V$、$\dot{I}_W$ 和线电压 $\dot{U}_{WU}$、$\dot{U}_{VU}$ 相量画到图 E-12（b）中。

答：对应相量如图 E-12（c）所示。

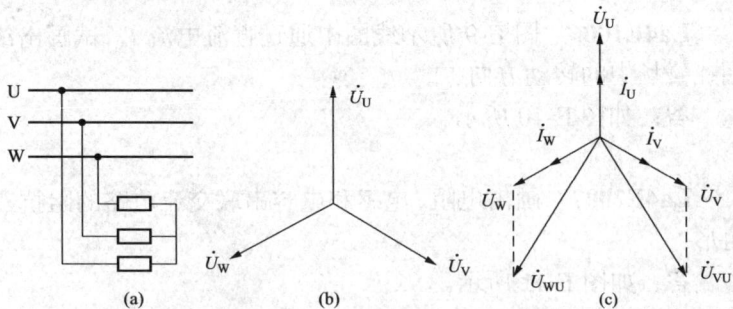

(a)　　　(b)　　　(c)

图 E-12

194

La4E4009　画出由整流二极管 V、负载电阻 R 和电源变压器 T 连接成的半波整流电路。

答：如图 E-13 所示。

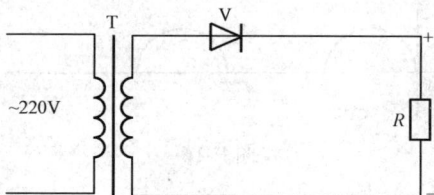

图 E-13

La3E1010　画出 $u=U_\text{m}\sin\left(\omega t+\dfrac{\pi}{2}\right)$ 正弦交流电压的波形示意图。

答：如图 E-14 所示。

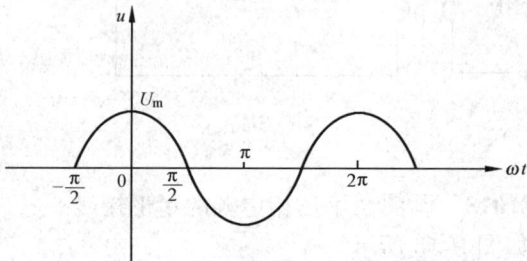

图 E-14

La2E1011　针对图 E-15 所示的单相半波整流电路中整流二极管错误的电流波形，并画出正确的电流波形图。

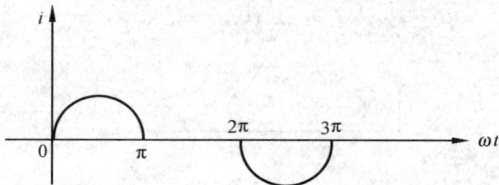

图 E-15

答：如图 E-16 所示。

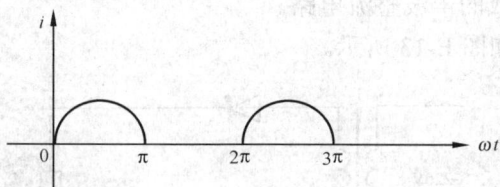

图 E-16

La1E1012　画出单相全波整流电路图。

答：如图 E-17 所示。

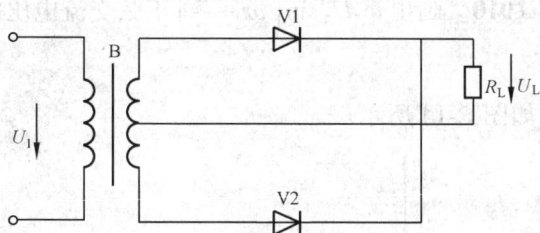

图 E-17

Lb5E1013　画图表示三相电源的星形接线。

答：如图 E-18 所示。

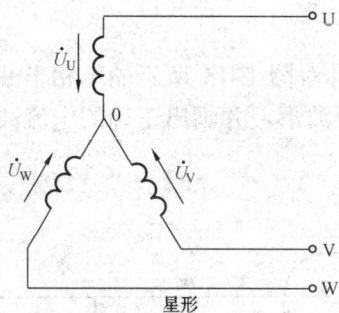

星形

图 E-18

Lb5E2014 画出单相正弦交流电压 $U=U_m\sin\omega t$ 的波形示意图。

答： 如图 E-19 所示。

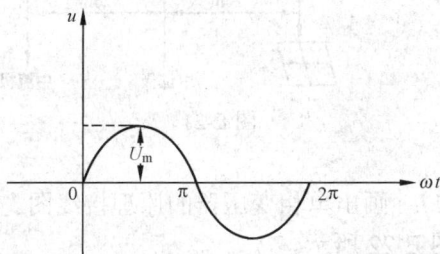

图 E-19

Lb5E3015 中性点不接地对称三相电路中，画出 U 相负载金属性接地短路时的电压相量图。

答： 如图 E-20 所示。

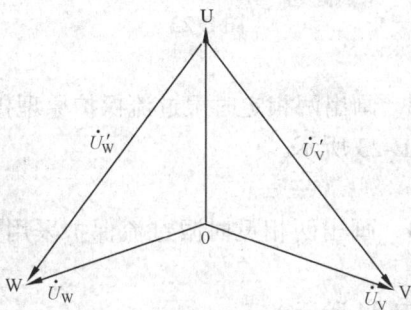

图 E-20

Lb4E1016 画出用兆欧表摇测接地电阻的外部接线图，并标出辅助钎子的距离及端子标号。

答： 如图 E-21 所示。

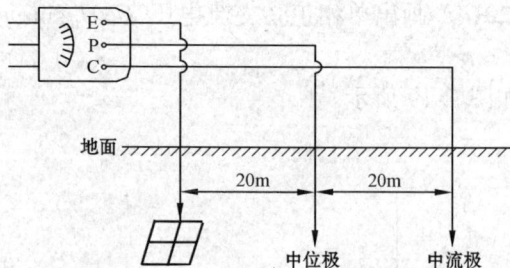

图 E-21

Lb4E2017 画出单相变压器的原理接线图。
答： 如图 E-22 所示。

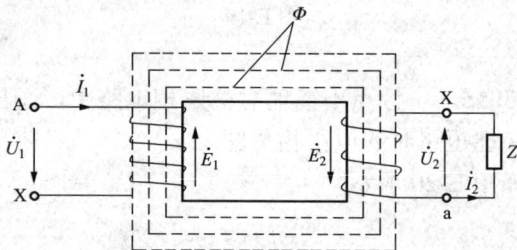

图 E-22

Lb4E3018 画出两相定时限过流保护原理接线图。
答： 如图 E-23 所示。

Lb4E4019 画出两相反时限过流保护采用直流操作电源的原理图。
答： 如图 E-24 所示。

Lb4E5020 画出三相变压器的 Yd11 接线组别图，并标出极性。
答： 如图 E-25 所示。

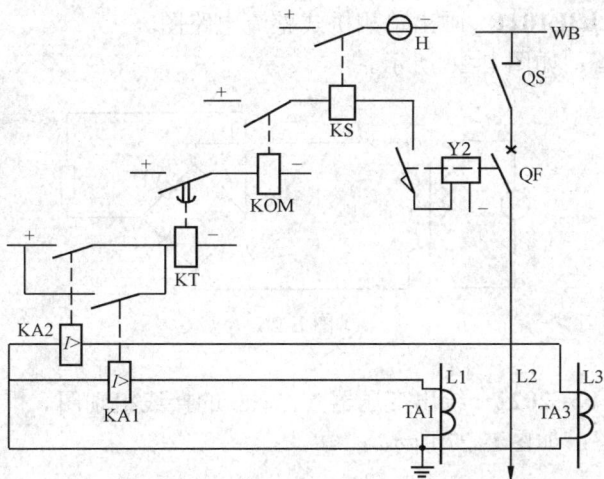

图 E-23

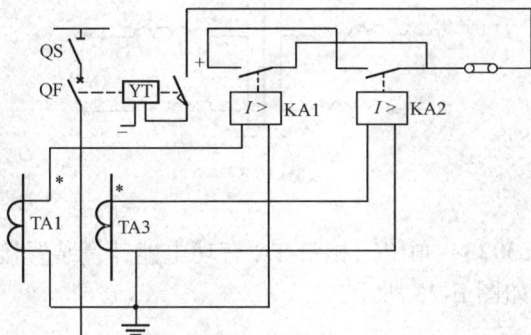

图 E-24

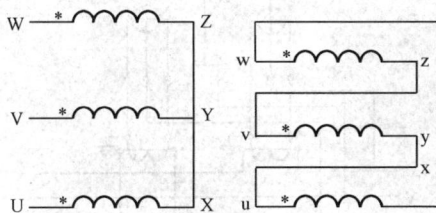

图 E-25

Lb3E1021 画出单相桥式整流电路图。

答：如图 E-26 所示。

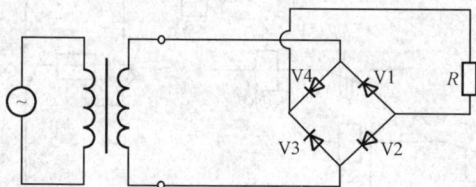

图 E-26

Lb3E2022 绘出变压器 Y，yn0 的接线组别图。

答：如图 E-27 所示。

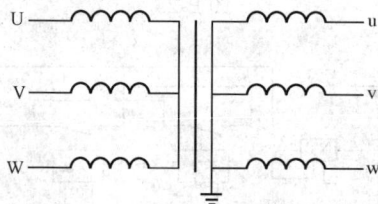

图 E-27

Lb3E3023 画出三相带 TA 有功电能计量装置接线图。

答：如图 E-28 所示。

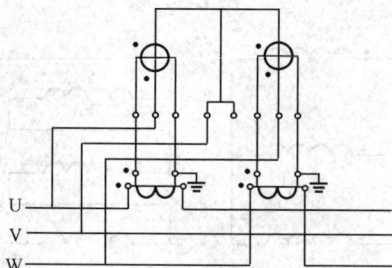

图 E-28

Lb3E4024 画出图 E-29 所示互感器等值阻抗电路图。

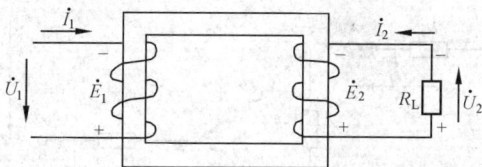

图 E-29

答: 如图 E-30 所示。

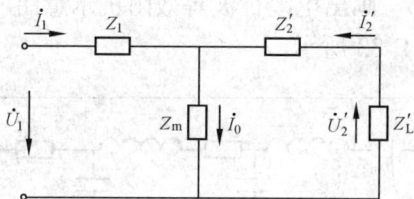

图 E-30

Lb3E5025 画出图 E-31 所示的三绕组变压器的简化等效电路图中未完成的部分。

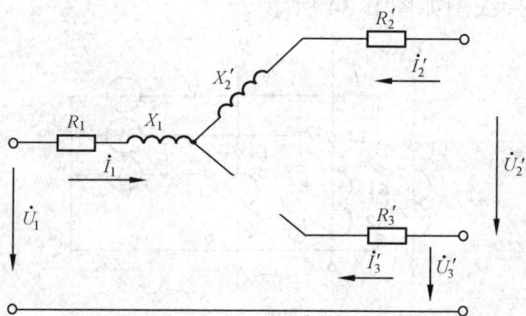

图 E-31

答: 如图 E-32 所示。

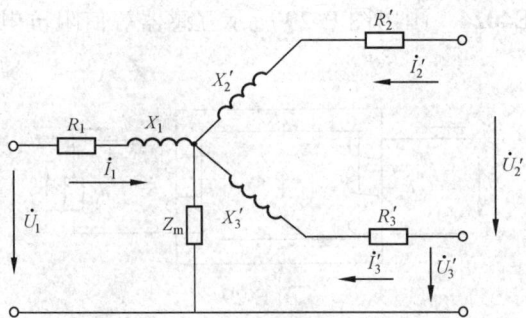

图 E-32

Lb2E1026 画出电缆行波等效阻抗示意图。

答：如图 E-33 所示。

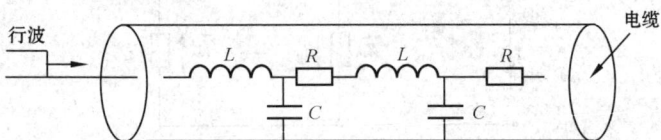

图 E-33

Lb1E1027 绘出电流互感器星形（Y）接线图，并将一次二次电流的流向标出来（电流互感器二次侧负载只接电流表）。

答：接线图如图 E-34 所示。

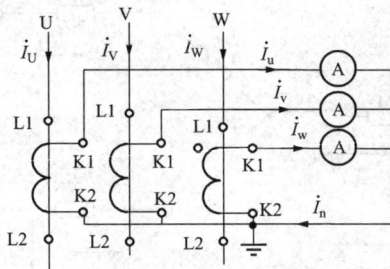

图 E-34

Jd5E1028 请用下列给定的元件，按要求绘出电路图。元件：电灯两盏，开关一个，电池一组。画出两盏灯的串联及并联电路图。

答：如图 E-35 所示。

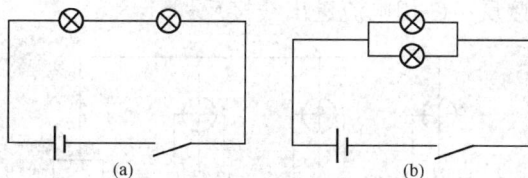

图 E-35

（A）两盏灯串联电路；（b）两盏灯并联电路

Je5E2029　画出电流互感器和电压互感器的图形符号，并分别注出文字符号。

答：如图 E-36 所示。

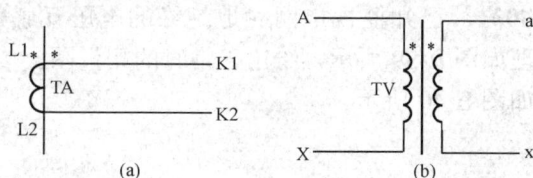

图 E-36

（A）电流互感器符号图；（b）电压互感器符号图

Je5E3030　指出图 E-37 所示的三相四线有功电能表直接接入式接线图中的错误，并画图改正。

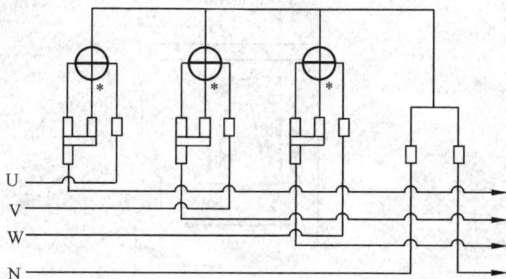

图 E-37

答：如图 E-38 所示。

图 E-37 中的错误：电能表 A 相电流进出线接反；B 相电流进出线接反；C 相电流进出线接反。

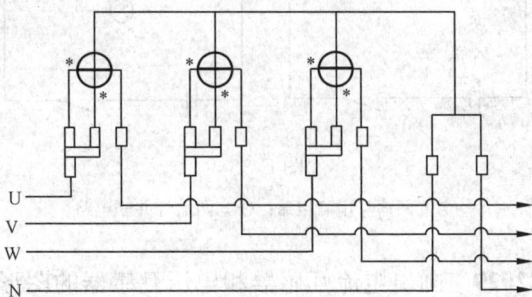

图 E-38

Je5E4031 已知监视电网对地绝缘的电压互感器开口三角接线原理如图 E-39 所示，绘出正常时的相量图。

答：如图 E-40 所示。

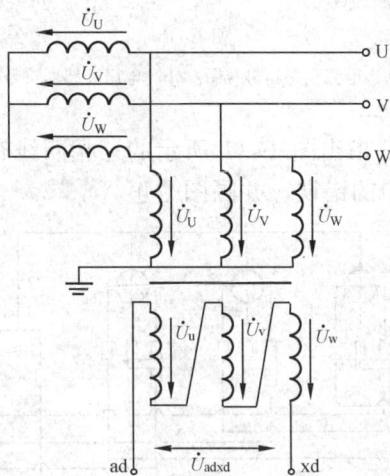

图 E-39

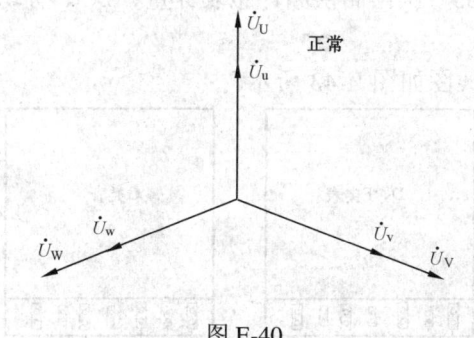

正常

图 E-40

Je5E5032 图 E-41 所示为低压自动空气断路器失压脱扣器工作原理图的局部,请画出未完成部分。

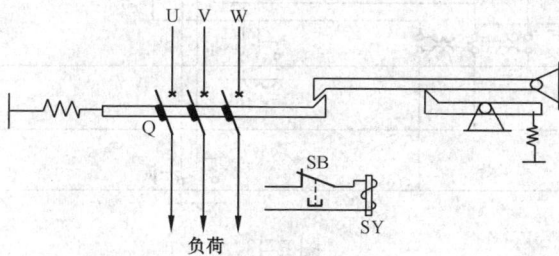

图 E-41

答:如图 E-42 所示。

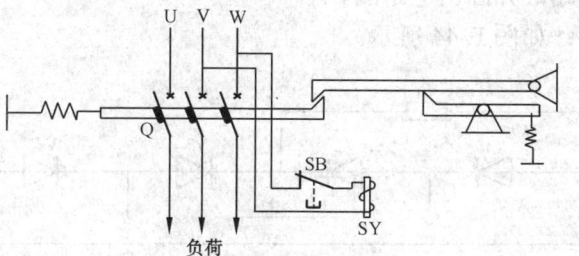

图 E-42

Je4E1033 画出高供高计总表计量、3×3、有功+无功表的联合接线图。

答：接线图如图 E-43 所示。

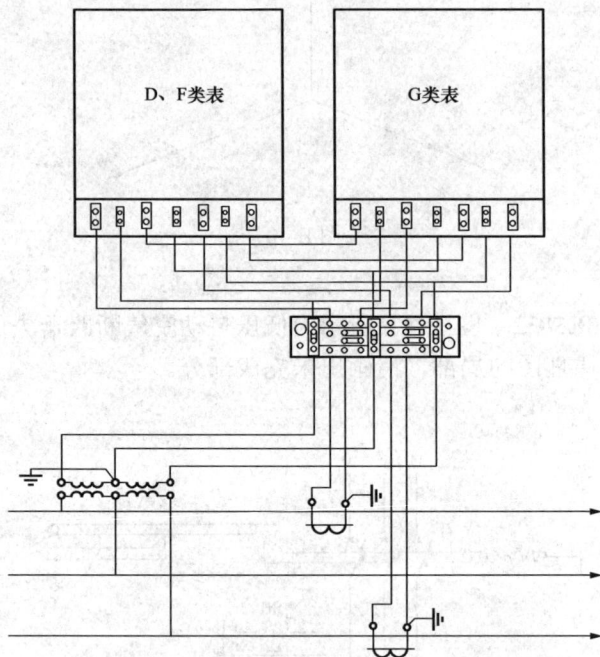

图 E-43

Je4E2034 有一硅堆、一负载电阻，将它们接成单相桥式整流电路，并画出电路图。

答：如图 E-44 所示。

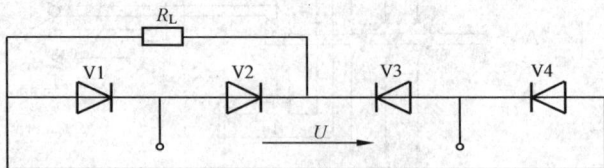

图 E-44

Je4E3035　图 E-45 为电流互感器不完全星形接线图，请标明 U、V、W 三相二次侧流经电流表内的电流方向和电流互感器的极性。

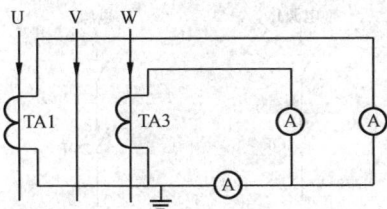

图 E-45

答：如图 E-46 所示。

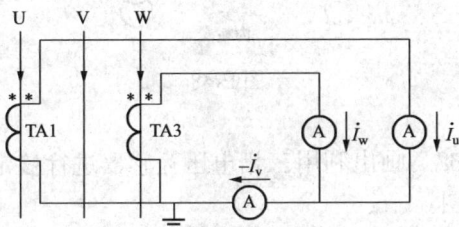

图 E-46

Je4E4036　画出外桥电路接线图。
答：如图 E-47 所示。

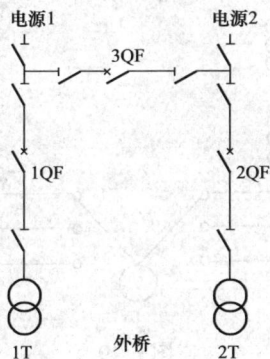

图 E-47

207

Je4E5037 画出内桥电路接线图。

答： 如图 E-48 所示。

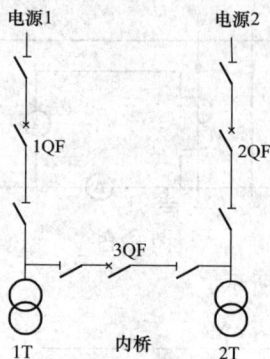

图 E-48

Je3E1038 画出利用三相电压互感器进行核定相位（即定相）的接线图。

答： 如图 E-49 所示。

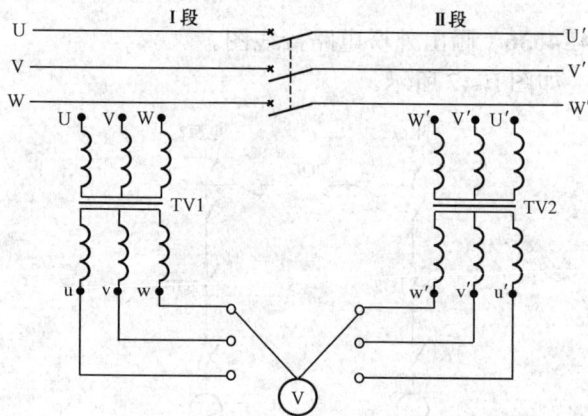

图 E-49

Je3E2039 绘出下列两种电压互感器接线图（二次侧不接负载）。

（1）两台单相电压互感器按 Vv0 组接线。

（2）三台单相三线圈电压互感器按 Yyn0d 组接线。

答：如图 E-50 所示。

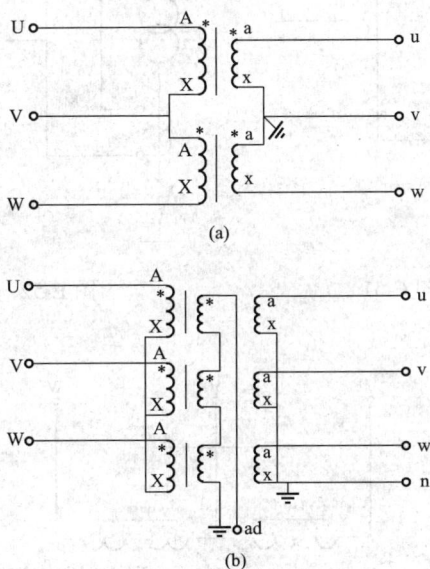

(a)

(b)

图 E-50

（a）Vv0 组接线；（b）Yyn0d 组接线

Je3E3040 指出图 E-51 所示的双绕组变压器差动保护原理图中的错误，并画出正确图形。

答：图 E-51 中电流互感器的极性接反，正确图形如图 E-52 所示。

Je3E4041 画出两台单相变压器 V 形接线方式图。

答：如图 E-53 所示。

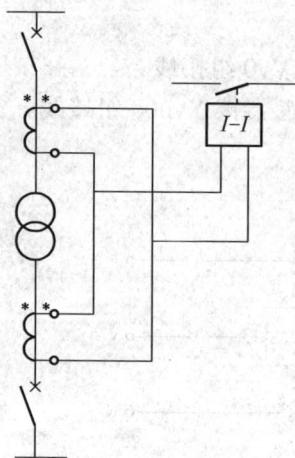
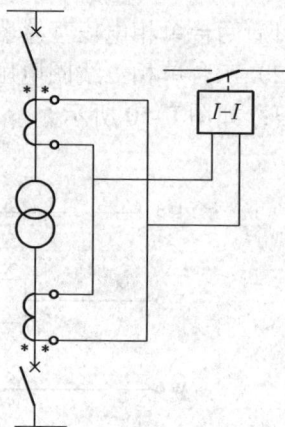

图 E-51   图 E-52

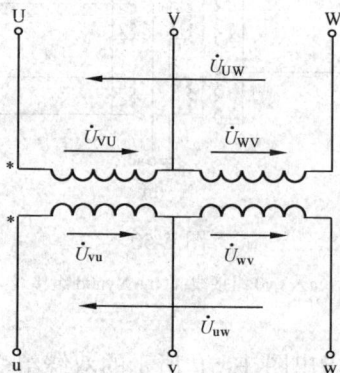

图 E-53

Je3E5042   画出变电站 3～10kV 架空出线（包括出线段为电缆）的防雷电入侵波的保护接线图。

答： 如图 E-54 所示。

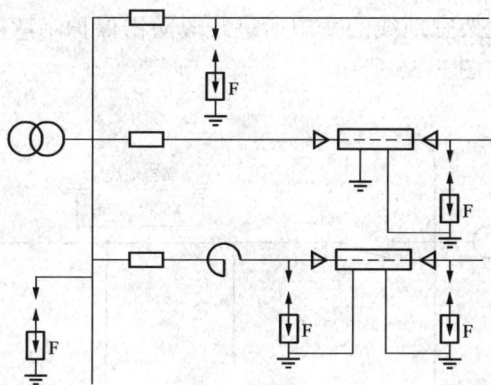

图 E-54

Je2E1043 画出断路器控制回路的原理图。

答：原理图如图 E-55 所示。

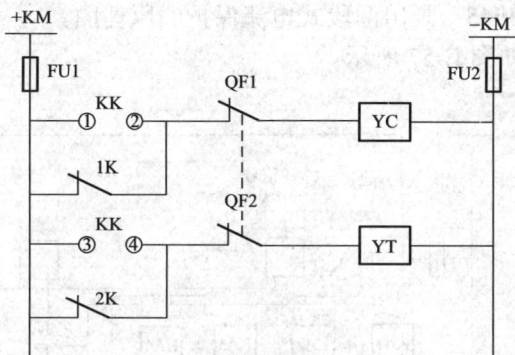

图 E-55

KK—控制开关；YC—合闸线圈；1K—自动装置的合闸继电器触点；

YT—跳闸线圈；2K—继电保护出口继电器触点；

+KM、−KM—直流控制回路电源小母线

Je2E2044 画出容量为 3150～5000kVA，电压为 35kV 的非全线装设架空地线的变电所进线段防雷保护示意图。

答： 如图 E-56 所示。

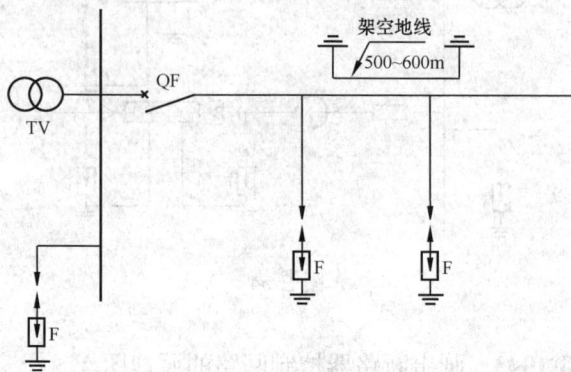

图 E-56

Je2E3045 画出两段式电流保护的原理图。

答： 如图 E-57 所示。

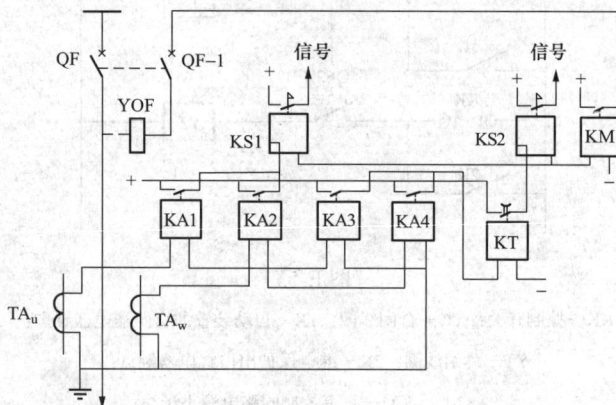

图 E-57

Je2E4046 画出两相式定时限过电流保护直流回路展开图。

答：如图 E-58 所示。

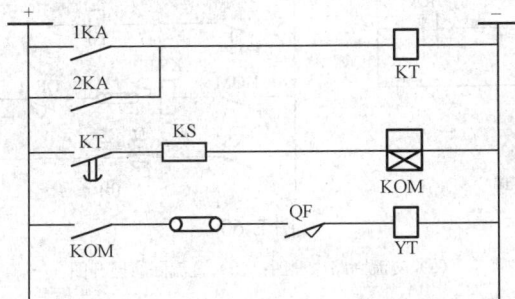

图 E-58

Je2E5047 画出两路进线、四路出线的双母线加旁路母线的接线方式。

答：如图 E-59 所示。

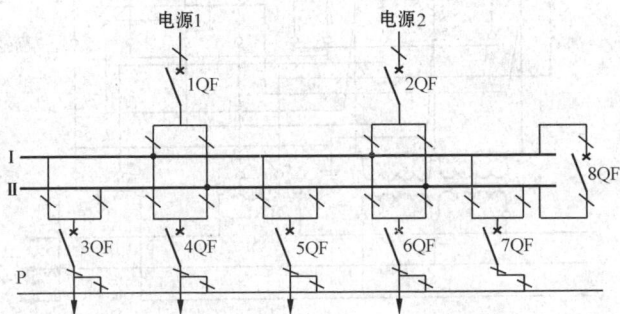

图 E-59

Je1E1048 画出两相定时限过电流保护的交流回路原理图和直流回路展开图。

答：如图 E-60 所示。

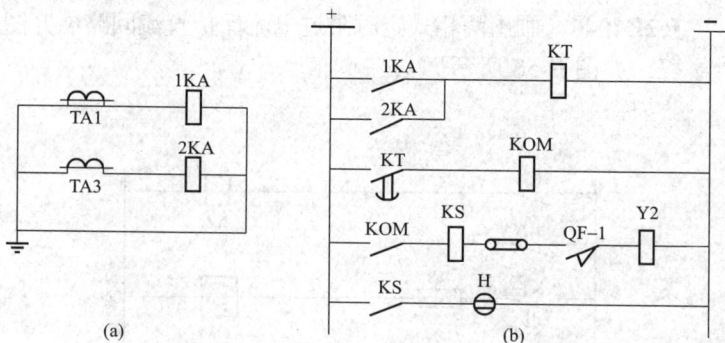

图 E-60

（a）交流回路原理图；（b）直流回路展开图

Je1E2049 画出一组利用三相二元件有功电能表和三相二元件无功电能表，计量三相三线有功、无功电能的联合接线图。

答：如图 E-61 所示。

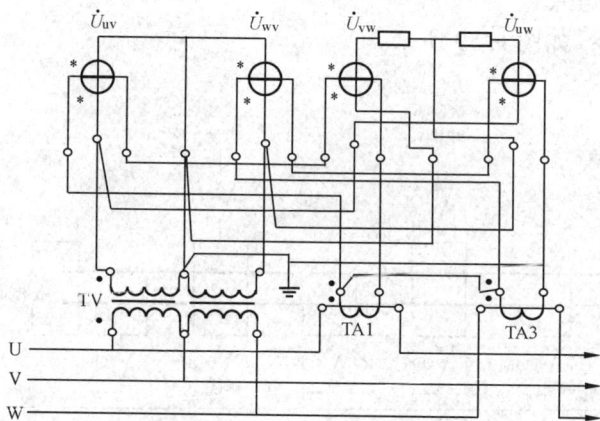

图 E-61

Jf1E1050 输电线路阻抗为 Z_L，对地导纳为 Y_L，画出它的 π型等效电路图。

答：如图 E-62 所示。

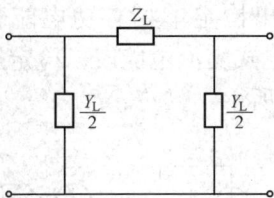

图 E-62

Lb1E5051　有一电压互感器变比为 1，T 形等值电路如图 E-63 所示，以 $\dot{U}_2$ 为参考量画出其相量图。

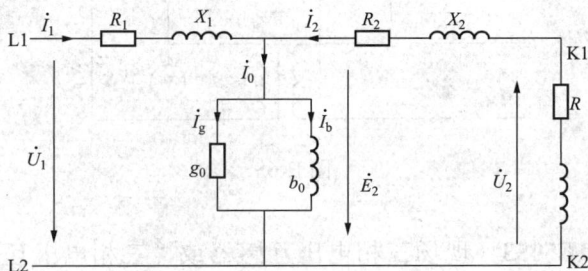

图 E-63

答： 如图 E-64 所示。

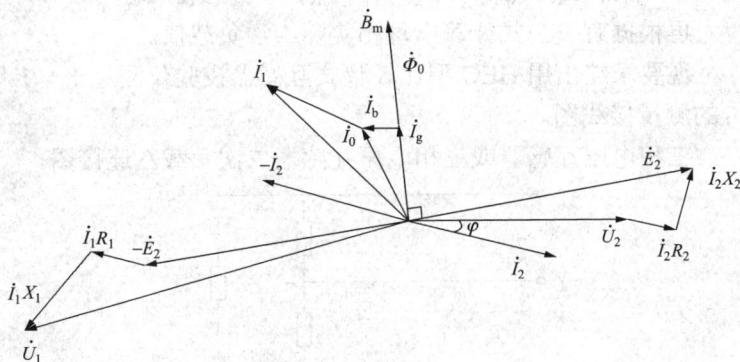

图 E-64

Je2E3052 绘出检定单相有功电能表的接线图。(执行 JJG307—2006《机电式交流电能表》检定规程)

答: 如图 E-65 所示。

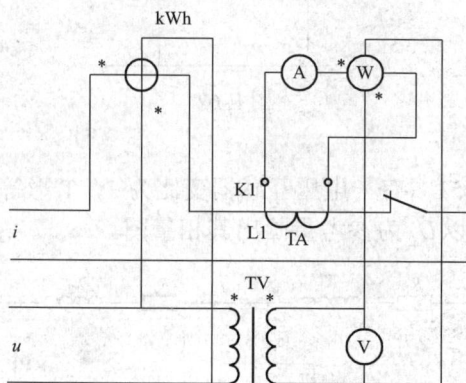

图 E-65

Je1E5053 现场三相电压互感器或"三相电压互感组"的二次负载一般都是三角形连接,如图 E-66 所示,其每相实际二次负载导纳不能直接测量出来,而是在停电情况下,将二次负载与电压互感器二次侧连接处断开,用互感器校验仪测出

$$Y_1 = Y_{uv} + Y_{wu}; \qquad Y_2 = Y_{vw} + Y_{uv}; \qquad Y_3 = Y_{uw} + Y_{vw}$$

再根据有关公式计算出每相实际二次负载值。

现要求绘出用 HEG 型比较仪式互感器校验仪测量 Y_1、Y_2、Y_3 的测量接线图。

三相电压互感器或三相电压互感器二次负载△连接图。

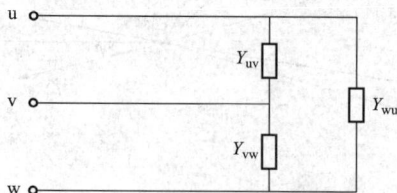

图 E-66

答：如图 E-67 所示。

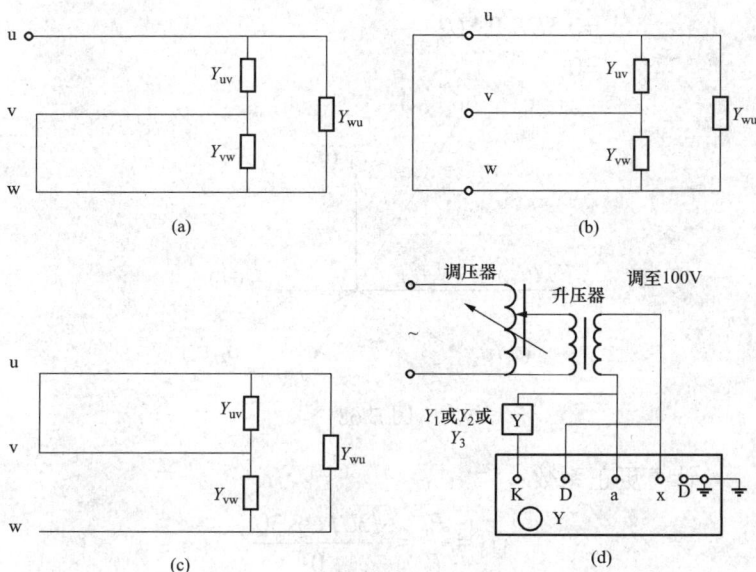

图 E-67

（a）$Y_1=Y_{uv}+Y_{wu}$（v–w 端短接）；（b）$Y_2=Y_{vw}+Y_{uv}$（w–u 端短接）；

（c）$Y_3=Y_{uw}+Y_{vw}$（u–v 端短接）；（d）HEG 型测量 Y_1、Y_2、Y_3 接线图

Lb3E3054　在某三相三线用户处进行电能表接线检查，测得各线电压均为 100V，接入电能表的电压为正相序，三相电流平衡，一元件电压电流夹角为 120°，二元件电压电流夹角为 240°。已知负荷是感性，且功率因数角为 30°。试画出相量图，确定其接线方式，并计算更正系数。

解：相量图如图 E-68 所示，其错误接线方式为

一元件：U_{12}——U_{vw}；I_1——$-I_u$

二元件：U_{32}——U_{uw}；I_2——I_w

错误接线期间的功率表达式

$$P=P_1+P_2$$
$$=U_{vw}(-I_u)\cos(90°+\varphi)+U_{uw}I_w\cos(210°+\varphi)$$

$$=U_{vw}(-I_u)\cos 120° + U_{uw} I_w \cos 240°$$
$$=0.5UI–0.5UI$$
$$=0$$

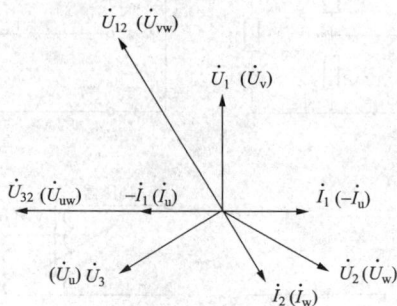

图 E-68

计算更正系数

$$G_z = \frac{P_0}{P} = \frac{\sqrt{3}UI\cos 30°}{0}$$

答：由于分母为零，更正系数没意义，此时表计不走字。

Lb1E5055 根据三相三线有功电能表的错误接线，绘出其感性负载时的相量图并写出功率表达式。

答：（1）如图 E-69 所示，其功率表达式为

$$P_1 = U_{vu} I_w \cos(90° + \varphi) = -UI\sin\varphi$$
$$P_2 = U_{w'u} I_v \cos\varphi = \sqrt{3}UI\cos\varphi$$

$$P = P_1 + P_2 = 2UI\left(\frac{\sqrt{3}}{2}\cos\varphi - \frac{1}{2}\sin\varphi\right) = 2UI\cos(30° + \varphi)$$

（2）其感性负载时的相量图如图 E-70 所示。

Je3E3056 现有直流电源 E、控制开关 K、限流电阻 R、直流电流表 mA 各一个，利用上述设备，用直流法检查单相双线圈电流互感器的极性，试画出接线图。

答：如图 E-71 所示。

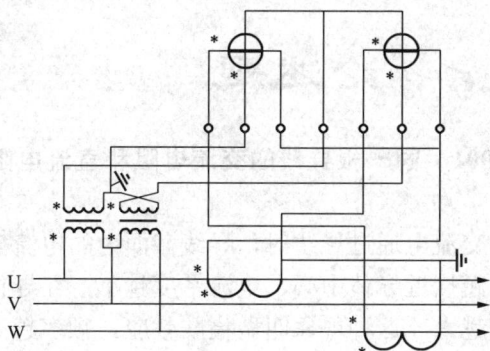

图 E-69

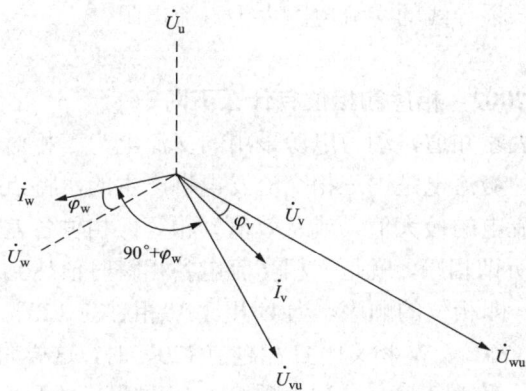

图 E-70

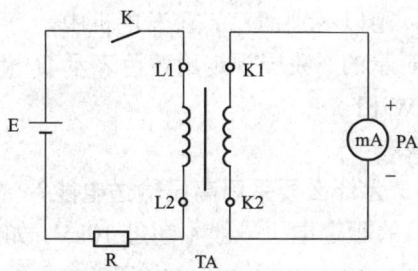

图 E-71

4.1.6 论述题

La5F1001 同一根导线的交流电阻和直流电阻为什么不一样？

答：当交流电通过导线时，导线截面内的电流分布密度是不相同的，越接近导体中心，电流密度越小，在导体表面附近电流密度则越大，这种现象叫做集肤效应。频率越高，这种现象表现得越突出。由于这种集肤效应的结果，使导线有效截面减小，电阻增大。当直流电流流过导线时，却没有这种现象。所以，同一根导线的交流电阻大于直流电阻。

La3F2002 相序和相位有什么不同？

答：大家知道，动力电源采用的交流电为三相对称正弦交流电。这种交流电是由三相交流发电机产生的，特点是三个相的正弦交流电的最大值（或有效值）相等，相位各差 1/3 周期（120°）。所谓相序，就是三相交流电各相瞬时值达到正的最大值的顺序，即相位的顺序。当 U 相比 V 相越前 120°、V 相比 W 相越前 120°、W 相又比 U 相越前 120° 时，这样的相序就是 U—V—W，称为正序（或称为顺相序）。如果任意两相对调，则称为负序（或称为逆相序），如 U、W 两相对调，则为 W—V—U。U、V、W 是这三种相别的名称，本身并无特定的含义，只是在相互比较时，用以区别而已。在发电机中，三相母线的区别是用不同颜色表示的，我国规定用黄色表示 U 相，绿色表示 V 相，红色表示 W 相。

La2F1003 为什么要采用高压输送电能？

答：发电机的额定电压一般不超过 10kV，如用此电压将电能远距离输送时，由于电压较低，电流较大，而线路的电能损耗与电流的平方成正比，因此，当输送电流较大时，则在线路上将损耗大量的电能。若为了把线路损耗减小到最小而增大导线截面，就将耗用大量的金属材料，大大增加了线路的投资费用。所以，为了使损耗最小、投资最少，就只有采用提高电压、减小输送电流的办法。对同样截面的导线，电压越高，输送功率越大，输送的距离越远。所以，远距离输送大功率电能时，要采用高压输送。

La3F1004　什么叫并联谐振？有何危害和应用？

答：在电感和电容并联的电路中，当电容的大小恰恰使电路中的电压与电流同相位，即电源电能全部为电阻消耗，成为电阻电路时，叫做并联谐振。

并联谐振是一种完全的补偿，电源无需提供无功功率，只提供电阻所需要的有功功率。谐振时，电路的总电流最小，而支路的电流往往大于电路的总电流，因此并联谐振也称为电流谐振。

发生并联谐振时，在电感和电容元件中流过很大的电流，因此会造成电路的熔断器熔断或烧毁电气设备的事故；但在无线电工程中往往用来选择信号和消除干扰。

La4F1005　串联电路有何特点？主要应用在哪些方面？

答：串联电路有如下特点。

（1）串联电路中，流过各电阻的电流相同。

（2）串联电路的总电压等于各电阻上电压降之和。

（3）串联电路的总电阻为各电阻之和。

由串联电路的特点可以看出：如果在电路中串联一个电阻，那么电路的等效电阻就要增大，在电源电压不变的情况下，电路中的电流将要减少。所以，串联电阻可起到限制电流的作用，如大电动机启动时，在回路串入一个启动电阻，可减小启动电流。串联电阻的另一个用途就是可起到分压的作用，如电阻分压器和多量程电压表，就是利用这个原理做成的。

La1F2006　什么叫相量？为什么正弦交流电用相量表示？

答：相量也称矢量或向量，它是既有数值的大小，又有方向的量。相量的长短表示相量的大小，相量与横轴的夹角表示相量的方向。

正弦交流电用数学函数式表示，也可以用正弦曲线来描述。但在实际计算中，常常会遇到几个正弦量的加减运算，这时再用函数式或波形图进行计算，不但复杂而且误差较大；若用相量进行加减，则会既简单又准确。

Lb5F1007　什么是变压器的不平衡电流，Y，y 接线的变压器不平衡电流过大有何影响？

答：变压器不平衡电流系指三相变压器绕组之间的电流差而言。当变压器三相负载不平衡时，会造成变压器三相电流不平衡，由于不平衡电流的存在，将使变压器阻抗压降不平衡，二次侧电压也不平衡，这对变压器和用电设备是不利的。尤其是在 Y，yn0 接线的变压器中，零线将出现零序电流，而零序电流将产生零序磁通，绕组中将感应出零序电动势，使中性点位移。其中电流大的一相电压下降，而其他两相电压上升，另外对充分利用变压器的出力也是很不利的。

当变压器的负荷接近额定值时，由于三相负载不平衡，将使电流大的一相过负荷，而电流小的一相负荷达不到额定值。所以一般规定变压器零线电流不应超过变压器额定电流的25%。变压器的零线导线截面的选择也是根据这一原则决定的。所以，当零线电流超过额定电流的25%时，要及时对变压器三相负荷进行调整。

Lb4F2008　什么是桥式主接线？内桥式和外桥式接线各有什么优缺点？

答：桥式接线是在单元式接线的基础上发展而来的，将两个线路一变压器单元通过一组断路器连在一起称为桥式接线。根据断路器的位置分"内桥"和"外桥"两种。内桥接线的优点是：设备比较简单，引出线的切除和投入比较方便，运行灵活性好，还可采用备用电源自投装置。其缺点是：当变压器检修或故障时，要停掉一路电源和桥断路器，并且把变压器两侧隔离开关拉开，然后再根据需要投入线路断路器，这样操作步骤较多，继电保护装置也较复杂。所以内桥接线一般适用于故障较多的长线路和变压器不需要经常切换的运行方式。外桥接线的优点是：变压器在检修时，操作较为简便，继电保护回路也较为简单。其缺点是：当主变压器断路器的电气设备发生故障时，将造成系统大面积停电；此外，变压器倒电源操作时，需先停变压器，对电力系统而言，运行的灵活性差。因此，外桥接线适用于线路较短和变压器需要经常切换的地方。

Lb4F1009　在电力系统中限制短路电流都有哪些方法？

答：在电力系统中，由于系统容量很大，当发生短路时，短路电流可能会达到很大值。它能导致断路器爆炸，设备烧毁，甚至造成系统瓦解。所以，为保证电气设备和系统的安全运行，应采取下列有效的方法限制短路电流。

（1）合理选择电气主接线的形式和运行方式，以增大系统阻抗、减少短路电流值。

（2）加装限流电抗器，当改变系统运行方式时，系统阻抗仍很小，不能把短路电流限制在规定范围内时，可以在母线上或线路上加装串联电抗器，增加系统阻抗，限制短路电流。

（3）采用分裂低压绕组变压器，由于分裂低压绕组变压器在正常工作和低压侧短路时，电抗值不同，从而可以限制短路电流，但由于分裂低压绕组变压器接线复杂，运行方式不十分灵活，继电保护方式复杂，所以，使用范围受到限制。

Lb4F3010　电流互感器与电压互感器二次侧为什么不允

许互相连接，否则会造成什么后果？

答：电压互感器连接的是高阻抗回路，称为电压回路；电流互感器连接的是低阻抗回路，称为电流回路。如果电流回路接于电压互感器二次侧会使电压互感器短路，造成电压互感器熔断器或电压互感器烧坏以及造成保护误动作等事故。如果电压回路接于电流互感器二次侧，则会造成电流互感器二次侧近似开路。出现高电压，威胁人身和设备安全。

Lb5F2011 三相四线制供电系统中，中性线的作用是什么？为什么中性线上不允许装刀闸和熔断器？

答：中性点接地系统中中性线的作用，是作单相负荷的零线或当不对称的三相负载接成星形连接时，使其每相电压保持对称。

在有中性点接地的电路中，偶然发生一相断线，也只影响本相的负载，而其他两相的电压保持不变。但如中性线因某种原因断开，则当各相负载不对称时，势必引起中性点位移，造成各相电压的不对称，破坏各相负载的正常运行甚至烧坏电气设备。而在实际中，负载大多是不对称的，所以中性线不允许装刀闸和熔断器，以防止出现断路现象。

Lb3F1012 简述电力系统过电压的类型及其防护的主要技术措施。

答：电力系统中主要有两种类型的过电压。一种是外部过电压，称大气过电压，它是由雷云放电产生的；另一种是内部过电压，是由电力系统内部的能量转换或传递过程产生的。其主要的防护技术措施是：

（1）对外部过电压，装设符合技术要求的避雷线、避雷针、避雷器（包括由间隙组成的管型避雷器）和放电间隙。

（2）对内部过电压，适当的选择系统中性点的接地方式，装设性能良好的磁吹避雷器、氧化锌避雷器和压敏电阻，选择适当特性的断路器，采用铁芯弱饱和的互感器、变压器，装设消除或制止共振的电气回路装置等。

Lb3F2013　电压互感器二次回路故障对继电保护有什么影响？

答：电压互感器的二次回路经常发生熔断器的熔丝熔断、隔离开关辅助触点接触不良、二次接线螺丝松动等故障，使保护装置失去电压而发生误动作。概括地说，二次电压回路故障对保护有以下影响。

（1）接入继电器电压线圈的电压完全消失，对于反映电压降低的保护装置来说就好像高压系统发生短路一样，此时低电压继电器、阻抗继电器会发生误动作。

（2）接入继电器的电压在数值和相位上发生畸变，对于反映电压和电流相位关系的保护，如电流方向保护装置可能会误动作。

为了防止发生上述不安全现象，一般分别采取了装设断线闭锁、断线信号及自动切换等装置。

Lb4F4014　变压器二次侧出口短路对变压器有何危害？

答：变压器在运行中，二次侧出口短路，将直接危及变压器的安全运行，并影响其使用寿命。

在这种情况下，特别是当变压器一次侧接在容量较大的电网上时，如果保护设备不切断电源，一次侧仍继续送电，变压器将很快被烧坏。这是因为当变压器二次侧短路时，将产生一个高于其额定电流 20～30 倍的短路电流。根据磁通势平衡式可知，二次电流是与一次电流反相的，二次电流对一次电流主磁通起去磁作用，但由于电磁惯性原理，一次侧要保护主磁通不变，必然也将产生一个很大的电流来抵消二次侧短路时的去磁作用。这样两种因素的大电流汇集在一起，作用在变压器的铁芯和绕组上，在变压器中将产生一个很大的电磁力，这个电磁力作用在绕组上，可以使变压器绕组发生严重的畸变或崩裂，另外也会产生高出其允许温升几倍的温度，致使变压器在很短的时间内烧毁。

Lb3F3015　非并网自备发电机安全管理是如何规定的？

答： 用户装设的自备发电机组必须经供电部门审核批准，由用电检查部门发给《自备发电机使用许可证》后方可投入运行，用电检查部门应对持有《自备发电机使用许可证》的用户进行年检；对未经审批私自投运自备发电机者，一经发现，用电检查部门可责成其立即拆除接引线，并按《供电营业规则》第 100 条第 6 款进行处理。

凡有自备发电机组的用户，必须制定并严格执行现场倒闸操作规程。

未经用电检查人员同意，用户不得改变自备发电机与供电系统的一、二次接线，不得向其他用户供电。

为防止在电网停电时用户自备发电机组向电网反送电，不论是新投运还是已投入运行的自备发电机组，均要求在电网与发电机接口处安装可靠闭锁装置。

用电检查部门对装有非并网自备发电机并持有《自备发电机使用许可证》的用户应单独建立台账进行管理。

用户自备发电机发生向电网反送电的，对用电检查部门记为安全考核事故。

Lb3F4016　简单说明真空断路器的灭弧原理。

答： 在真空断路器分断瞬间，由于两触头间的电容存在，使触头间绝缘击穿，产生真空电弧。由于触头形状和结构的原因，使得真空电弧柱迅速向弧柱体外的真空区域扩散。当被分断的电流接近零时，触头间电弧的温度和压力急剧下降，使电弧不能继续维持而熄灭。电弧熄灭后的几微秒内，两触头间的真空间隙耐压水平迅速恢复。同时，触头间也达到了一定距离，能承受很高的恢复电压。所以，一般电流在过零后，真空断路器不会发生电弧重燃而被分断。

Lb5F3017　用电检查的主要范围如何？在什么情况下可以延伸？

答：用电检查的主要范围是用户受电装置，但被检查的用户有下列情况之一者，检查的范围可延伸至相应目标所在处。

（1）有多类电价的。

（2）有自备电源设备（包括自备发电厂）的。

（3）有二次变压配电的。

（4）有违章现象需延伸检查的。

（5）有影响电能质量的用电设备。

（6）发生影响电力系统事故需作调查的。

（7）用户要求帮助检查的。

（8）法律规定的其他用电检查。

Lb4F5018　为什么高压负荷开关要与熔断器配合使用？

答：高压负荷开关在 10kV 系统和简易的配电室中被广泛采用。它虽有灭弧装置，但灭弧能力较小，因此高压负荷开关只能用来切断或接通正常的负荷电流，不能用来切断故障电流。为了保证设备和系统的安全运行，高压负荷开关应与熔断器配合使用，由熔断器起过载和短路保护作用。

通常高压熔断器装在高压负荷开关后面，这样当更换高压熔断器时，只拉开负荷开关，停电后再进行更换是比较安全的。

Lb3F5019　为什么 110kV 及以上电压互感器一次侧不装熔断器？

答：110kV 以上电压互感器采用单相串级绝缘，裕度大；110kV 引线系硬连接，相间距离较大，引起相间故障的可能性小；再加上 110kV 系统为中性点直接接地系统，每相电压互感器不可能长期承受线电压运行，因此 110kV 以上的电压互感器一次侧不装设熔断器。

Lc5F1020　三相电源分别与负载三角形、负载星形连接时，相、线电压和电流的关系如何？

答：三相电源和负载三角形连接时：线电压和相电压的关系是线电压等于相电压；线电流和相电流的关系是线电流等于相电流的 $\sqrt{3}$ 倍，并在相位上滞后相应的相电流 30°角。

三相电源和负载星形连接时：线电压和相电压的关系是线电压等于相电压的 $\sqrt{3}$ 倍，并在相位上超前相应的相电压 30°角；线电流和相电流的关系是线电流等于相电流。

Lc5F2021　为什么低压网络中普遍采用三相四线制供电？

答：由于三相四线制供电可以同时获得线电压和相电压两种电压，这对于用电者来说是比较方便的。在低压网络中，常采用动力负荷与照明负荷混合供电，即将 380V 线电压供三相电动机用，220V 相电压供照明和单相负荷用。另外，在三相负荷不对称时，因中性线的阻抗很小，所以也能够消除因三相负荷不对称时中性点的电压位移，从而能保证负荷的正常工作。所以综上所述，三相四线制供电获得广泛的应用。

Lc4F1022　简单说明电力电缆基本结构及各部分的要求。

答：电力电缆的基本结构是导体、绝缘层和保护层。

对各构成部分的要求是：导体必须具有高度的导电性，以减少输送电能时的能量损耗；绝缘层必须有良好的绝缘性能，经久耐用，具有一定的耐热性能；保护层要有必要的抗外力损伤的机械强度和符合要求的韧性，同时又要具备良好的抗渗漏和防腐蚀、耐老化性能。

Lc3F1023　泄漏电流试验与绝缘电阻试验相比有何优点？

答：两项试验基于同一原理，基本上都是在被测电介质上加一试验用直流电压测量流经电介质内的电流。但前者比后者加的电压不但高而且还可连续调整。由于在电场强度小于某一定值时，电介质的电导率与电场强度无关，当电场强度大于某定值时，电介质的电导率与电场强度呈非线性增长关系。所以针对不同的电介质施加有效的高电压，可以发现用兆欧表检测时难以发现的缺陷，并且根据试验中在不同电压下测量的相应电流，能分析出介质的缺陷和激化的临界点，有益于对介质耐电强度的分析判断。

Lc4F2024　何为安全电压？安全电压有哪几个等级？

答：在各种不同环境条件下，人体接触到有一定电压的带电体后，其各部分组织不发生任何损害，该电压称为安全电压。根据我国具体条件和环境，我国规定安全电压等级是 42、36、24、12、6V 五个等级。

Lc3F2025　高压交联聚乙烯电力电缆有哪些优缺点？

答：以交联聚乙烯作为绝缘介质的电力电缆，经过特殊工艺处理提高了绝缘性能，特别是在高压电场中的稳定性有了提高。经过交联处理的介质本身熔解温升高，可以允许导体温度达 90℃，比油纸介质提高了 30℃。所以，允许载流量大，并可以高落差或垂直敷设。其缺点是：抗电晕、耐游离放电性能差，发生故障时在目前寻测故障点还比较困难。

Lc3F3026　试述磁电系仪表的工作原理。

答：磁电系仪表的工作原理是以载流动圈与永久磁铁间隙中的磁场相互作用为基础的，当可动线圈通过电流（被测电流）时，线圈电流与永久磁铁的磁场相互作用，产生电磁力，形成转矩，从而使可动部分转动。游丝（或张丝）产生反作用力矩，当转动力矩与反作用力矩平衡时，指示器静止在平衡位置，此时偏转角 α 等于测量机构的灵敏度与通过电流的乘积，即偏转角与被测电流成正比，至此达到测量的目的。

Jd4F1027　停电时，先拉开断路器哪一侧的隔离开关？为什么？

答：停电时，断开断路器后，应先拉负荷侧的隔离开关。

这是因为在拉开隔离开关的过程中，可能出现两种错误操作，一种是断路器实际尚未断开，而造成先拉隔离开关；另一种是断路器虽然已断开，但当操作隔离开关时，因走错间隔而错拉未停电设备的隔离开关。不论是上述哪种情况，都将造成带负荷拉隔离开关，其后果是严重的，可能造成弧光短路事故。

如果先拉电源侧隔离开关则弧光短路点在断路器的电源侧，将造成电源侧短路，使上一级断路器跳闸，扩大了事故停电范围。如先拉负荷侧隔离开关，则弧光短路点在断路器的负荷侧，保护装置动作断路器跳闸，其他设备可照常供电。这样，即使出现上述两种错误操作的情况下，也能尽量缩小事故范围。

Jd5F1028　供电设施的运行维护责任分界点有何规定？

答：供电设施的运行维护管理范围，按产权归属确定。责任分界点按下列各项确定：

（1）公用低压线路供电的，以供电接户线用户端最后支持物为分界点，支持物属供电企业。

（2）10kV 及以下公用高压线路供电的，以用户厂界外或配电室前的第一断路器或第一个支持物为分界点，第一断路器或第一支持物属供电企业。

（3）35kV 及以上公用高压线路供电的，以用户厂界外或用户变电所外第一基电杆为分界点，第一基电杆属供电企业。

（4）采用电缆供电的，本着便于管理维护的原则，分界点由供电企业与用户协商确定。

（5）产权属于用户且由用户运行维护的线路，以公用线路分支杆或专用线路接引的公用变电所外第一基电杆为分界点，专用线路第一基电杆属用户。在电气上的具体分界点，由供用双方协商确定。

Jd5F2029 为什么要执行丰枯、峰谷分时电价？简述分时电能表的作用。

答：执行丰枯、峰谷电价，是国家利用经济杠杆调节丰、枯季节用电，鼓励多用，用好深夜低谷电，缓解枯水期严重缺电矛盾，减少用电峰谷差，提高社会整体经济效益的重要措施，也是电价改革的重要内容之一。

分时电能表把高峰用电时段和低谷用电时段的用电量和总用电量分别记录下来，并可将峰、谷段以外的平段电量记录和计算出来，这样就可按不同的用电时段收取不同的电费。这是更能贯彻合理负担的比较公平的一种收费办法，起到用经济的手段压高峰、填低谷、合理用电的作用。

Jd4F1030 在中性点非直接接地系统中，有接地监视的电压互感器合在空母线上时，为什么会出现假接地现象？

答：对空母线送电后，母线及电源的引线等对地将产生很小的电容。因容抗和电容值成反比，所以空母线对地容抗很大。当电压互感器送电时，有可能产生操作过电压，励磁电流增大，使铁芯饱和，电压互感器感抗下降。此时，可能出现容抗等于感抗的铁磁谐振，使电压互感器高压侧的三相电压不平衡，铁芯中产生了零序磁通。在零序磁通的作用下，电压互感器的辅助绕组开口三角形处产生零序电压，当其电压值大于接地监视用电压继电器的整定值时，就发出假接地信号。

Jd3F1031 为什么有的电容器串联时在每只电容器旁并

联一个电阻？

答：一般工程上所用的电容器总存在一定的绝缘电阻，其等值电路为一无损电容和一绝缘电阻并联。因此，对直流电而言，串联电容器的稳态电压是与绝缘电阻成正比分配的。而电容量相等、额定电压相同的电容器，其绝缘电阻不一定相等，在串联使用时，绝缘电阻大的电容器所分配的稳态电压将超过其允许值而被击穿。一只电容器击穿后，其他电容器也将因过电压而相继击穿。对交流电而言，串联电容器的电压分布决定于容抗和绝缘电阻的大小。当绝缘电阻比容抗小得多时，电压分布主要决定于绝缘电阻的大小。因而会出现上述情况。

为了使串联电容器的电压均匀分布，可在各电容器两端分别并联大小相等的电阻，只要并联电阻值合理，可获得很好的均压效果。一般取均压电阻为绝缘电阻的 1/10 即可。

Je5F1032　发生哪些电力运行事故而引起居民家用电器损坏需要供电企业承担赔偿责任？

答：在供电企业负责运行维护的 220/380V 供电线路或设备上，因供电企业的责任发生的下列事故引起居民家用电器损坏应承担赔偿责任。

（1）在 220/380V 供电线路上，发生相线与零线接错或三相相序接反。

（2）在 220/380V 供电线路上，发生零线断线。

（3）在 220/380V 供电线路上，发生相线与零线互碰。

（4）同杆架设或交叉跨越时，供电企业的高压线路导线掉落到 220/380V 线路上或供电企业高压线路对 220/380V 线路放电。

Je5F2033　供电方案主要有哪些内容？供电方案的确定期限是如何规定的？

答：供电方案包括供电电源位置、出线方式、供电线路敷设，供电回路数、路径、跨越、用户进线方式、受电装置容量、主接线、继电保护方式、计量方式、运行方式、调度通信等内容。

供电企业对已受理的用电申请，在下列期限内正式书面通知用户：

居民用户最长不超过 5 天；低压电力用户最长不超过 10 天；高压单电源的用户最长不超过 1 个月；高压双电源用户最长不超过 2 个月；若不能如期确定供电方案时，供电企业应向用户说明原因；用户对供电企业答复的供电方案有不同意见时，应在 1 个月内提出意见，双方可再行协商确定。用户应根据确定的供电方案，进行受电工程设计。

Je5F3034 用电检查部门如何做好无功管理？

答：无功电力应就地平衡。用户应在提高用电自然功率因数的基础上，按有关标准设计和安装无功补偿设备，并做到随其负荷和电压变动及时投入或切除，防止无功电力倒送。除电网有特殊要求的用户外，用户的功率因数应达到《供电营业规则》的有关规定；用户无功补偿设备应符合国家标准，安装质量应符合规程要求；无功补偿设备容量与用电设备装机容量配置比例必须合理；督促用户及时更换故障电容器，凡功率因数不符合《供电营业规则》规定的新用户，可拒绝接电；对已送电的用户，应督促和帮助用户采取措施，提高功率因数；在规定期限内仍未采取措施达到要求的用户，可中止或限制供电。

Je4F1035 送电时，先合断路器哪一侧隔离开关？为什么？

答：送电时，应先合电源侧隔离开关。

这是因为如果断路器已在合闸位置，在合两侧的隔离开关时，会造成带负荷合隔离开关。如果先合负荷侧隔离开关，后合电源侧隔离开关，一旦带负荷合隔离开关发生弧光短路，将造成断路器电源侧事故，使上一级断路器跳闸，扩大了事故范围。如先合电源的侧隔离开关，后合负荷侧隔离开关，在负荷侧的隔离开关可能发生弧光短路，因弧光短路点在断路器的负荷侧，保护装置可使断路器跳闸，其他设备可照常供电，缩小了事故范围。所以送电时，应先合电源侧的隔离开关。

Je4F2036　计量装置超差，退补电费如何处理？

答：由于计费计量的互感器、电能表的误差及其连接线电压降超出允许范围或其他非人为原因致使计量记录不准时，供电企业应按下列规定退补相应电量的电费。

（1）互感器或电能表误差超出允许范围时，以"0"误差为基准，按验证后的误差值退补电量。退补时间从上次校验或换装后投入之日起至误差更正之日止的 1/2 时间计算。

（2）连接线的电压降超出允许范围时，以允许电压降为基准，按验证后实际值与允许值之差补收电量。补收时间从连接线投入或负荷增加之日起至电压降更正之日止。

（3）其他非人为原因致使计量记录不准时，以用户正常月份的用电量为基准退补电量，退补时间按抄表记录确定。

退补电费期间，用户先按抄表电量如期交纳电费，待误差确定后，再行退补。

Je4F3037　用户对供电系统有哪些要求？

答：其要求如下。

（1）供电可靠性：用户要求供电系统有足够的可靠性，特别是连续供电，用户要求供电系统能在任何时间内都能满足用户用电的需要，即使在供电系统局部出现故障情况，仍不能对某些重要用户的供电有很大的影响。因此，为了满足供电系统的供电可靠性，要求电力系统至少有 10%～15% 的备用容量。

（2）电能质量合格：电能质量的优劣，直接关系到用电设备的安全经济运行和生产的正常运行，对国民经济的发展也有着重要意义。无论是供电的电压、频率以及不间断供电，哪一方面达不到标准都会对用户造成不良后果。因此，要求供电系统应确保对用户供电的电能质量。

（3）安全、经济、合理性：供电系统要安全、经济、合理地供电，这同时也是供电、用电双方要求达到的目标。为了达到这一目标，需要供用电双方共同加强运行管理，作好技术管理工作；同时，还要求用户积极配合，密切协作，提供必要的方便条件。例如，负荷和电量的管理，电压和无功的管理工作等。

（4）电力网运行调度的灵活性：对于一个庞大的电力系统和电力网，必须做到运行方便灵活，调度管理先进。只有如此，才能做到系统的安全、可靠运行；只有灵活的调度，才能解决对系统局部故障时检修的及时，从而达到系统的安全、可靠、经济、合理地运行。

Je4F4038 《供电营业规则》对窃电行为是如何确定和处理的？

答：根据《供电营业规则》的规定窃电行为包括如下行为。

（1）在供电企业的供电设施上，擅自接线用电。

（2）绕越供电企业用电计量装置用电。

（3）伪造或者开启供电企业加封的用电计量装置封印用电。

（4）故意损坏供电企业用电计量装置。

（5）故意使供电企业用电计量装置不准或者失效。

（6）采用其他方法窃电。

供电企业对查获的窃电者，应予制止，并可当场中止供电。对窃电者应按所窃电量补交电费，并承担补交电费三倍的违约使用电费。拒绝承担窃电责任的，供电企业应报请电力管理部门依法处理。窃电数额较大或情节严重的，供电企业应提请司法机关依法追究刑事责任。

Je4F5039 电压互感器和变电所所用变压器的高压熔断

器能否互用？为什么？

答：电压互感器用的高压熔断器和变电所所用变压器的高压熔断器是不能相互代用的。其原因如下。

电压互感器用的高压熔断器的熔丝是采用镍铬丝材料制成的，10kV 的熔丝其总电阻约 90Ω左右，具有限制短路电流的作用。因为电压互感器的容量较小，一次侧额定电流仅有 0.05A 左右，所以其高压熔断器中的熔丝的额定电流为 0.5A。虽然电压互感器高压熔断器的熔丝有 90Ω左右的电阻值，但在其上的电压降很小，可忽略不计。

如果将电压互感器用的高压熔断器用作所用变压器的高压熔断器，由于所用变压器的额定容量一般为 20～50kVA，其额定电流为 1.2～2.9A，而电压互感器用的高压熔断丝的额定电流只有 0.5A，不能满足变压器额定电流的要求。同时，当所用变压器带负荷后，在熔断器熔丝电阻上的电压降较大，对变压器二次侧电压的影响就较大，所以电压互感器用的高压熔断器不能用作所用变压器的高压熔断器。

反之，所用变压器用的高压熔断器用于电压互感器上，由于熔丝的额定容量较大，当电压互感器发生事故时，熔丝不易熔断，会造成事故的扩大。因此，它们不能相互代用。

Je3F1040　怎样判断变压器油面是否正常？出现假油面是什么原因？

答：变压器的油面变化（排除渗漏油）取决于变压器的油温变化，因为油温的变化直接影响变压器油的体积，从而使油标内的油面上升或下降。影响变压器油温的因素有负荷的变化、环境温度和冷却装置运行状况等。如果油温的变化是正常的，而油标管内油位不变化或变化异常，则说明油面是假的。

运行中出现假油面的原因可能有油标管堵塞，呼吸器堵塞，防爆管通气孔堵塞等。

Je3F1041　什么样的用户应负担线路与变压器的损耗电量？为什么？

答：如专线或专用变压器属用户财产，若计量点不设在变电所内或变压器一次侧，则应负担线路与变压器损耗电量。

用电计量装置原则上应装在供电设施的产权分界处。如产权分界处不适宜装表的，对专线供电的高压用户，可在供电变压器出口装表计量；对公用线路供电的高压用户，可在用户受电装置的低压侧计量。当用电计量装置不安装在产权分界处时，线路与变压器损耗的有功与无功电量均须由产权所有者负担。在计算用户基本电费、电量电费及功率因数调整电费时，应将上述损耗电量计算在内。

Je3F2042　用户需要保安电源时供电企业按什么要求确定？应如何办理？

答：用户需要保安电源时，供电企业应按其负荷重要性、用电容量和供电的可能性，与用户协商确定。

用户重要负荷的保安电源，可由供电企业提供，也可由用户自备。遇有下列情况之一者，保安电源应由用户自备。

（1）在电力系统瓦解或不可抗力造成供电中断时，仍需保证供电的。

（2）用户自备电源比从电力系统供给更为经济合理的。

供电企业向有重要负荷的用户提供的保安电源，应符合独立电源的条件。有重要负荷的用户在取得供电企业供给的保安电源的同时，还应有非电性质的应急措施，以满足安全的需要。

Je3F3043　供电企业和用户应如何签订供用电合同，其具体条款有何规定？在什么情况下允许变更或解除供用电合同？

答：供电企业和用户应当在供电前根据用户需要和供电企业的供电能力签订供用电合同。供用电合同应当具备以下条款：

（1）供电方式，供电质量和供电时间。

（2）用电容量和用电地址，用电性质。

（3）计量方式和电价，电费结算方式。

（4）供电设施维护责任的划分。

（5）合同的有效期限。

（6）违约责任。

（7）双方共同认为应当约定的其他条款。

供用电合同的变更或解除，必须依法进行。有下列情形之一的，允许变更或解除供用电合同：

（1）当事人双方经过协商同意，并且不会因此损害国家利益和扰乱供用电秩序。

（2）由于供电能力的变化或国家对电力供应与使用管理的政策调整，使订立供用电合同时的依据被修改或取消。

（3）当事人一方依照法律程序确定确实无法履行合同。

（4）由于不可抗力或一方当事人虽无过失，但无法防止的外因，致使合同无法履行。

Je3F4044　什么是用户事故？用电检查部门对用户事故管理的方针和原则是什么？

答： 用户事故系指供电营业区内所有高、低压用户在所管辖电气设备上发生的设备和人身事故及扩大到电力系统造成输配电系统停电的事故。

（1）由于用户过失造成电力系统供电设备异常运行，而引起对其他用户少送电或者造成其内部少用电的。例如：

1）用户影响系统事故：用户内部发生电气事故扩大造成其他用户断电或引起电力系统波动大量甩负荷。

2）专线供电用户事故：用户进线有保护，事故时造成供电变电所出线断路器跳闸或两端同时跳闸，但不算用户影响系统事故。

（2）供电企业的继电保护、高压试验、高压装表工作人员，在用户受电装置处因工作过失造成用户电气设备异常运行，从而引起电力系统供电设备异常运行，对其他用户少送电者。

（3）供电企业或其他单位代维护管理的用户，电气设备受电线路发生的事故。

（4）用户电气工作人员在电气运行、维护、检修、安装工作中发生人身触电伤亡事故，按照国务院 1991 年 75 号令构成事故者。

用电检查部门对用户事故管理要贯彻"安全第一，预防为主"的方针和"用户事故不出门"的原则。

Je3F5045 变压器温度表所指示的温度是变压器什么部位的温度？运行中有哪些规定？温度与温升有什么区别？

答： 温度表所指示的是变压器上层油温，规定不得超过 95℃。

运行中的油温监视定为 85℃。温升是指变压器上层油温减去环境温度。运行中的变压器在环境温度为 40℃时，其温升不得超过 55℃，运行中要以上层油温为准，温升是参考数字。上层油温如果超过 95℃，其内部绕组温度就要超过绕组绝缘物允许的耐热强度。为使绝缘不致迅速老化，所以才规定了 85℃的上层油温监视界限。

Jf5F1046 电压监测点的设置原则是什么？用电检查部门应如何做好电压监测工作？

答： 为了掌握电力系统的电压状况，采取有效的措施以保证电压质量，应在具有代表意义的发电厂、变电所和配电网络中设置足够数量的电压监测点；在各级电压等级的用户受电端，设置一定数量的电压考核点。

电压监测应使用具有连续监测和统计功能的仪器或仪表，其测量精度应不低于 1 级。

用电检查部门应配合生计部门做好用户受电端电压监测的

239

有关工作：应检查电压监测器在用户的分布情况是否符合设点原则要求；检查用户电压监测数据，分析用户电压质量分布情况，报送有关部门。

Jf4F1047　二次侧为双绕组的电流互感器，哪一绕组接保护，哪一绕组接计量仪表？为什么？

答：计量和继电保护对电流互感器准确度和特性的要求不同，所以两绕组不能互相调换使用。

计量仪表用的电流互感器要求在正常负荷电流时有较高的准确度等级，而在系统发生短路时，短时间的短路电流对准确度等级没有较高的要求，所以用电流互感器铁芯截面小的那个绕组。因为流过正常负荷电流时，要求准确度等级高；但流过短路电流时，铁芯易饱和，准确度等级降低，但时间很短，对计量影响不大。

继电保护用的电流互感器，要求在流过短路电流时应保证有一定准确度等级，即在正常负荷电流时对准确度等级要求不高，所以用电流互感器铁芯截面大的那个绕组。因为流过正常负荷电流时准确度等级低，但对继电保护没有影响。而流过短路电流时，铁芯截面大不易饱和，能保证一定的准确度等级，使继电保护能可靠动作。

Jf3F1048　什么叫工作接地？其作用是什么？

答：工作接地是指电力系统中某些设备因运行的需要，直接或通过消弧线圈、电抗器、电阻等与大地金属连接，称为工作接地。其作用是：

（1）保证某些设备正常运行。例如：避雷针、避雷线、避雷器等的接地。

（2）可以使接地故障迅速切断。在中性点非直接接地系统中，当一相接地时接地电流很小，因此保护设备不能迅速动作将接地断开，故障将长期持续下去。在中性点直接接地系统中就不同了，当一相接地时，单相接地短路电流很大，保护设备能准确而迅速地动作切断故障线路。

（3）可以降低电气设备和电力线路的设计绝缘水平。在中性点非直接接地系统中，当发生一相接地时，未接地的两相对地电压升高，最高升为线电压，因此所有的电气设备及线路的绝缘都应按线电压设计，使电气设备及线路的造价增大。如果在中性点直接接地系统中发生一相接地时，其他两相对地电压不会升高到线电压，而是近似于或等于相电压。所以，在中性点直接接地系统中，电气设备和线路在设计时，其绝缘水平只按相电压考虑，故可降低建设费用，节约投资。

Lb1F3049 请简述运行中的电能计量装置的分类如何规定。

答： 运行中的电能计量装置按其所计量电能量的多少和计量对象的重要程度分五类（Ⅰ、Ⅱ、Ⅲ、Ⅳ、Ⅴ）进行管理。

（1）Ⅰ类电能计量装置：月平均用电量 500 万 kWh 及以上或变压器容量为 10 000kVA 及以上的高压计费用户、200MW及以上发电机、发电企业上网电量、电网经营企业之间的电量交换点、省级电网经营企业与其供电企业的供电关口计量的电能计量装置。

（2）Ⅱ类电能计量装置：月平均用电量 100 万 kWh 及以上或变压器容量为 2000kVA 上的高压计费用户、100MW 及以上发电机、供电企业之间的电量交换点的电能计量装置。

（3）Ⅲ类电能计量装置：月平均用电量 10 万 kWh 及以上或变压器容量为 315kVA 及以上的计费用户、100MW 以下发电机、发电企业厂、站用电量、供电企业内部用于承包考核的计量点、考核有功电量平衡的 110kV 及以上的送电线路电能计量装置。

（4）Ⅳ类电能计量装置：负荷容量为 315kVA 以下的计费用户，发供电企业内部经济技术指标分析、考核用的电能计量装置。

（5）V 类电能计量装置：单相供电的电力用户计费用电能计量装置。

Lb4F2050　什么是高危客户？什么是重要客户？

答：高危客户是指中断供电将发生中毒、爆炸、透水和火灾等情况，并可能造成重大及以上人身伤亡，造成重大政治影响和社会影响，造成严重环境污染事故的电力客户，以及特殊重要用电场所的电力客户，分为：① 年产量 6 万 t 及以上煤矿；② 年产量 6 万 t 以下煤矿；③ 非煤矿山；④ 冶金；⑤ 化工；⑥ 电气化铁路；⑦ 其他高危客户等七类。

具有一级负荷兼或二级负荷的客户统称为重要客户。如：国家重要广播电台、电视台、通信中心；重要国防、军事、政治工作及活动场所；重要交通枢纽；国家信息中心及信息网络、电力调度中心、金融中心、证券交易中心；重要宾馆、饭店、医院、学校；大型商场、影剧院等人员密集的公共场所；煤矿、金属非金属矿山、石油、化工、冶金等高危行业的客户。

Jb2F2051　对接地线及其使用的具体要求是什么？

答：（1）当验明设备确已无电压后，应立即将检修设备接地并三相短路。这是保护工作人员在工作地点防止突然来电的可靠安全措施，同时设备断开部分的剩余电荷，亦可因接地而放尽。

（2）装设接地线必须由两人进行。若为单人值班，只允许使用接地开关接地，或使用绝缘棒合接地开关。

（3）装设接地线必须先接接地端，后接导体端，且必须接触良好。拆接地线的顺序与此相反。装、拆接地线均应使用绝缘棒和戴绝缘手套。

（4）接地线应用多股软铜线，其截面应符合短路电流的要求，但不得小于 $25mm^2$。接地线在每次装设以前应经过详细检查。损坏的接地线应及时修理或更换。禁止使用不符合规定的导线作接地或短路之用。接地线必须使用专用的线夹固定在导体上，严禁用缠绕的方法进行接地或短路。

（5）每组接地线均应编号，并存放在固定地点。存放位置亦应编号，接地线号码与存放位置号码必须一致。

（6）装、拆接地线，应做好记录，交接班时应交待清楚。

Lb3F4052　电力监管机构对供电企业的供电质量如何实施监管？

答：电力监管机构对供电企业的供电质量实施监管。在电力系统正常的情况下，供电企业的供电质量应当符合下列规定：

（1）向用户提供的电能质量符合国家标准或者电力行业标准。

（2）城市地区年供电可靠率不低于99.00%，城市居民用户受电端电压合格率不低于95.00%。

农村地区年供电可靠率和农村居民用户受电端电压合格率由电力监管机构根据各地实际情况规定。

Lb3F4053　电力监管机构对供电企业办理用电业务的情况如何实施监管？

答：电力监管机构对供电企业办理用电业务的情况实施监管。联系供电企业办理用电业务的期限应当符合下列规定：

（1）向用户提供供电方案的期限，自受理用户用电申请之日起，一般居民用户不超过5个工作日，低压电力用户不超过10个工作日，高压单电源用户不超过30个工作日，高压双电源用户不超过60个工作日。

（2）对用户受电工程设计文件和有关资料审核的期限，自受理之日起，低压电力用户不超过10个工作日，高压电力用户不超过30个工作日。

（3）给用户装表接电的期限，自受电装置检验合格并办结相关手续之日起，一般居民用户不超过3个工作日，低压电力用户不超过 5 个工作日，高压电力用户不超过 7 个工作日。

Jb2F3054　并联电容器装置设置失压保护的目的是什么？运行中的电容器突然失压可能产生什么危害？

答： 并联电容器装置设置失压保护的目的在于防止所连接的母线失压对电容器产生的危害。从电容器本身的特点来看，运行中的电容器如果失去电压，电容器本身并不会损坏。但运行中的电容器突然失压可能产生以下危害：

（1）将造成电容器带电荷合闸，以致电容器因过电压而损坏。

（2）变电所失电后复电，可能造成变压器带电容器合闸、变压器与电容器合闸涌流及过电压将使它们受到损害。

（3）失电后的复电可能造成因无负荷而使电压过高，这也可能引起电容器过电压。

Lb1F3055　用户独资、合资或集资建设的输电、变电、配电等供电设施建成后，其运行维护管理按哪些规定确定？

答： 用户独资、合资或集资建设的输电、变电、配电等供电设施建成后，其运行维护管理按以下规定确定：

（1）属于公用性质或占用公用线路规划走廊的，由供电企业统一管理。供电企业应在交接前，与用户协商，就供电设施运行维护管理达成协议。对统一运行维护管理的公用供电设施，供电企业应保留原所有者在上述协议中确认的容量。

（2）属于用户专用性质，但不在公用变电站内的供电设施，由用户运行维护管理。如用户运行维护管理确有困难，可与供电企业协商，就委托供电企业代为运行维护管理有关事项签订协议。

（3）属于用户共用性质的供电设施，由拥有产权的用户共同运行维护管理。如用户共同运行维护管理确有困难，可与供电企业协商，就委托供电企业代为运行维护管理有关事项签订

244

协议。

（4）在公用变电站内由用户投资建设的供电设备，如变压器、通信设备、开关、刀闸等，由供电企业统一经营管理。建成投运前，双方应就运行维护、检修、备品备件等项事宜签订交接协议。

（5）属于临时用电等其他性质的供电设施，原则上由产权所有者运行维护管理，或由双方协商确定，并签订协议。

Jb2F3056　自动投入装置应符合什么要求？

答：自动投入装置应符合下列要求：

（1）保证备用电源在电压、工作回路断开后才投入备用回路。

（2）工作回路上的电压，不论因何原因消失时，自动投入装置均应延时动作。

（3）手动断开工作回路时，不启动自动投入装置。

（4）保证自动投入装置只动作一次。

（5）备用电源自动投入装置动作后，如投到故障上，必要时，应使保护加速动作。

（6）备用电源自动投入装置中，可设置工作电源的电流闭锁回路。

Lb2F2057　简述供电企业用电检查人员实施现场检查时的主要工作程序。

答：（1）供电企业用电检查人员实施现场检查时，用电检查员的人数不得少于两人。

（2）执行用电检查任务前，用电检查人员应按规定填写《用电检查工作单》，经审核批准后，方能赴用户执行查电任务。查电工作终结后，用电检查人员应将《用电检查工作单》交回存档。

（3）用电检查人员在执行查电任务时，应向被检查的用户出示《用电检查证》，用户不得拒绝检查，并应派员随同配合检查。

（4）经现场检查确认用户的设备状况、电工作业行为、运行管理等方面有不符合安全规定的，或者在电力使用上有明显违反国家有关规定的，用电检查人员应开具《用电检查结果通知书》或《违章用电、窃电通知书》一式两份，一份送达用户并由用户代表签收，一份存档备查。

（5）现场检查确认有危害供用电安全或扰乱供用电秩序行为的，用电检查人员应按下列规定，在现场予以制止。拒绝接受供电企业按规定处理的，可按国家规定的程序停止供电，并请求电力管理部门依法处理，或向司法机关起诉，依法追究其法律责任。

（6）现场检查确认有窃电行为的，用电检查人员应当场予以中止供电，制止其侵害，并按规定追补电费和加收违约使用电费。拒绝接受处理的，应报请电力管理部门依法给予行政处罚；情节严重，违反治安管理处罚规定的，由公安机关依法予以治安处罚；构成犯罪的，由司法机关依法追究其刑事责任。

Jb1F5058 张某于 2006 年元月在农村偏僻之处承包一养鱼塘后，向供电所申请架设一条三相四线低压线路供其养鱼用电，2006 年元月底供电所沿鱼塘为其架设三相四线线路（裸导线），最大弧垂时对地距离为 5.2m。2007 年元月张某将鱼塘挖深，并将挖出的淤泥垫高鱼塘四周，此时导线最大弧垂时对地距离 3.8m。2007 年 2 月供电所人员巡线时，发现地面已被垫高，要求张某将垫高部分铲除，恢复原样，并作了书面通知，但张某拒不服从。2007 年 6 月份，张某为能便于更好地管理鱼塘，决定在鱼塘边建房，建房过程中张某之友王某垂直运输长 5m 的建房钢筋时，不幸触及到线路死亡。2007 年 7 月王某家人以线路产权属供电公司所有为由将供电公司告上法庭，要求供电公司赔偿责任。

问：在该案中，供电公司应否承担赔偿责任？

答：在该案中供电公司不承担赔偿责任。

理由：（1）根据 DL/T 449—2001《农村低压电力技术规程》第 6.7.2 条的规定，裸导线对地面、水面、建筑物及树木间的最小垂直距离，在交通困难的地区为 4m。而该案中，供电所为其架设的低压线路最大弧垂时对地距离为 5.2m，符合规程规定。

（2）张某擅自将鱼塘四周垫高，使导线在最大弧垂时对地距离缩短，并且在接到供电所人员要求将其垫高部分恢复原样的通知后，拒不执行，因此属于故意行为。主观上存在明显的过错。

（3）王某在运输长 5m 的建房钢筋时，违反常规的运输方法是导致其触电的直接原因，自身也存在明显过错，应承担相应的责任。

（4）王某在帮助张某建房过程中触电身亡，虽是王某过错但其受益人是张某，因此张某在该案中应承担相应的主要赔偿责任。

（5）供电公司作为线路产权人在该案件中既没有过错，与该案的发生也没有因果关系，因此不承担责任。

Lb2F4059　供用电双方在合同中订有电压质量责任条款的，应按哪些规定办理？

答：根据《供电营业规则》第 96 条规定，供用电双方在合同中订有电压质量责任条款的，按下列规定办理：

（1）用户用电功率因数达到规定标准，而供电电压超出本规则规定的变动幅度，给用户造成损失的，供电企业应按用户每月在电压不合格的累计时间内所用的电量，乘以用户当月用电的平均电价的百分之二十给予赔偿。

（2）用户用电功率因数未达到规定标准或其他用户原因引起的电压质量不合格的，供电企业不负赔偿责任。

（3）电压变动超出允许变动幅度的时间，以用户自备并经供电企业认可的电压自动记录仪表的记录为准，如用户未装此项仪表，则以供电企业的电压记录为准。

4.2 技能操作试题

4.2.1 单项操作

行业：电力工程　　　　　工种：用电检查员　　　　　等级：初

编　号	C05A001	行为领域	e	鉴定范围	1
考核时限	20min	题　型	A	题　分	20
试题正文	动力用户电能表的配置				
需　要 说明的问 题和要求	某动力用户使用 380V 电动机 3 台，其总容量为 17.4kW，则应配置多大电流（A）的三相四线电能表 1. 计算时不考虑电动机的效率，但要考虑功率因数（设功率因数为 0.8） 2. 用口答或笔答的形式				
工具、材料、 设备场地	纸和笔				

评 分 标 准		序号	项　目　名　称	满分
		1 2 3	列公式 代入数字、计算 配表	5 7 8
	质量 要求		1. 正确列出公式 $I = \dfrac{P}{\sqrt{3}U\cos\varphi}$ 2. 将数字代入公式中 $I = \dfrac{17.4 \times 1000}{\sqrt{3} \times 380 \times 0.8} = 33A$ 3. 根据计量标准，无 33A 电能表，故应配置 40A 三相四线电能表	
	得分 或 扣分		1. 列公式错误，扣 5 分 2. 计算错误，扣 7 分 3. 配置正确得 8 分；仅配置出三相四线和 40A 中的一项，扣 4 分	

编　　号	C05A002	行为领域	e	鉴定范围	1
考核时限	20min	题　　型	A	题　分	20

试题正文	处理窃电案件
需　要说明的问题和要求	在进行营业普查时，发现某居民用户在公用 220V 低压线路上私自接用一只 2000W 的电炉，且时间无法查清，对此案件进行处理［居民电价 0.5元/（kWh）］
工具、材料、设备场地	1. 自带笔和纸 2. 自带计算器

	序号	项 目 名 称	满分
	1	确定该用户窃电	4
	2	计算窃电量	6
	3	补交电费	4
	4	补交电费及违约电费的收取	6

评 分 标 准	质量 要求	1. 根据《供电营业规则》的第一百零一条规定，此居民用户有窃电行为 2. 由于窃电时间无法查明，窃电时间按 180 天、每天按 6h 计算，则该户所窃电量=$\dfrac{2000}{1000} \times 180 \times 6 = 2160$（kWh） 3. 应补交电费=0.5×2160=1080（元） 4. 违约使用电费=1080×3=3240（元） 所以该户应补交电费 1080 元，违约使用电费 3240 元
	得分 或 扣分	1. 不能正确依据法规判断此用户为窃电行为，扣 4 分 2. 不能正确计算窃电量，扣 6 分 3. 不能正确计算补交的电费，扣 4 分 4. 不能正确计算违约使用电费，扣 6 分

行业：电力工程　　　　工种：用电检查员　　　　等级：初/中

编　号	C54A003	行为领域	e	鉴定范围	1
考核时限	30min	题　型	A	题　分	25

试题正文	帮助用户改善电压质量
需　要 说明的问 题和要求	1. 独立完成 2. 现场测定电压 3. 注意安全
工具、材料、 设备场地	1. 万用表 2. 自带工具

评 分 标 准		序号	项　目　名　称	满分
		1 2 3 4 5	无功就地平衡 合理选择供电半径 导线截面选择 变、配电设备选择 选用调压措施	5 5 5 5 5
	质量 要求		1. 提高用户用电功率因数，使无功就地平衡 2. 合理选择供电半径，尽量减少线路迂回、线路过长、交叉供电、功率倒送等不合理供电状况 3. 合理选择供电线路的导线截面 4. 合理配置变、配电设备，防止其过负荷运行 5. 适当选用调压措施，如调节变压器分接开关或选用有载调压变压器、安装同期调相机或静电电容器等	
	得分 或 扣分		1. 每项未回答完整，扣 2 分 2. 每漏一项，扣 5 分	

编　　号	C54A004	行为领域	e	鉴定范围	5
考核时限	20min	题　型	A	题　分	20

试题正文	指出 10kV 油浸变压器外廓与变压器室四周的最小净距

需　要 说明的问 题和要求	1. 独立完成 2. 用口答或笔答的形式

工具、材料、 设备场地	自带笔和纸

<table>
<tr><td rowspan="3">评
分
标
准</td><td colspan="2">序号</td><td>项　目　名　称</td><td>满分</td></tr>
<tr><td rowspan="1">质量
要求</td><td>1
2</td><td>对小容量的变压器有何要求
对大容量的变压器有何要求</td><td>10
10</td></tr>
</table>

评 分 标 准	质量 要求	10kV 油浸式变压器外廓与变压器室四周的最小净距（mm）为： 1　100～1000kVA 变压器 1.1　变压器外廓与后壁、侧壁净距为 600 1.2　变压器外廓与门净距为 800 2　250kVA 及以上的变压器 2.1　变压器外廓与后壁净距为 800 2.2　变压器外廓与门净距为 1000
	得分 或 扣分	1. 对质量要求 1 回答正确得 2 分，不正确扣 2 分 2. 对质量要求 1.1 回答正确得 4 分，不正确扣 4 分 3. 对质量要求 1.2 回答正确得 4 分，不正确扣 4 分 4. 对质量要求 2 回答正确得 2 分，不正确扣 2 分 5. 对质量要求 2.1 回答正确得 4 分，不正确扣 4 分 6. 对质量要求 2.2 回答正确得 4 分，不正确扣 4 分

行业：电力工程　　　　工种：用电检查员　　　　等级：初/中

编　　号	C54A005	行为领域	e	鉴定范围	1
考核时限	20min	题　型	A	题　　分	20
试题正文	正确配置电流互感器				
需　　要 说明的问 题和要求	某用户使用一台100kVA变压器，电能表装置为高供低量，表计装在低压侧，请配置低压电流互感器				
工具、材料、 设备场地	笔试题，笔和纸				

	序号	项　目　名　称	满分
评 分 标 准	1 2	计算出100kVA变压器低压侧的额定电流值 根据计算出的电流值，说明应配置多大的电流互感器	10 10
	质量 要求	1. $I_{2n} = \dfrac{S}{\sqrt{3}U_{2n}}$ 2. $I_{2n} = \dfrac{100}{\sqrt{3} \times 0.4}$ 　　$=144.3\text{A}$ 3. 因为计量标准无144.3/5的电流互感器规格，所以应选用150/5的电流互感器	
	得分 或 扣分	1. 计算公式列的正确得5分，不正确扣5分 2. 计算正确得5分，不正确扣5分 3. 电流互感器配置正确得10分，不正确扣10分	

行业：电力工程　　　　工种：用电检查员　　　　等级：初/中

编　号	C54A006	行为领域	e	鉴定范围	4
考核时限	20min	题　型	A	题　分	20

试题正文	由单相电能表判断有否窃电

需要说明的问题和要求	1. 独立完成 2. 保持安全距离

工具、材料、设备场地	1. 提供用户的单相电能表及用户电量记录 2. 万用表、钳型电流表 3. 自带工具

	序号	项　目　名　称	满分
评分标准	1 2 3 4 5	根据抄表本记录，核对电量变化 检查铅封 检查表计 检查接线 填写工作单	2 2 6 6 4
	质量要求	1. 依据抄表本记录，核对电量的变化情况 2. 有无铅封和有无启动封印的现象 3. 检查表计，开灯试表，拉闸试表，有无失压或分流现象，有无拨码现象 4. 查看接线和端钮，是否有断压和分流现象，是否有绕越电能表和外接电源的现象；有无火、零线反接和表后重复接地等情况 5. 依据实际情况正确填写工作单，若窃电还需开具"违约、窃电通知单"交用户签收	
	得分或扣分	1. 对项目1检查不全扣1～2分，未检查不得分 2. 对项目2检查不全扣1～2分，未检查不得分 3. 对项目3检查不全扣1～6分，未检查不得分 4. 对项目4检查不全扣1～6分，未检查不得分 5. 对项目5检查不全扣1～4分，未检查不得分	

行业：电力工程　　　　工种：用电检查员　　　　等级：初/中

编　　号	C54A007	行为领域	e	鉴定范围	2
考核时限	20min	题　　型	A	题　　分	30

试题正文	巡视检查互感器（电流、电压）
需　要 说明的问 题和要求	1. 独立进行检查，达七个项目内容为满分，多答不加分 2. 按现场规程考核 3. 在现场进行，设专人监护，不准触及带电设备 4. 遇有事故停止考核
工具、材料、 设备场地	用户现场设备

	序号	项　目　名　称	满分
评 分 标 准	1 2 3 4 5 6 7 8	注油设备 瓷套管 引线接头端子处 互感器主体 呼吸器 设备接地线 基础架物 设备标志	4 4 4 4 4 4 3 3
	质量 要求	1. 油位和油色正常、合乎标准、无渗漏 2. 瓷套管清洁、无破损、无裂纹、无放电 3. 接触良好、无过热、不松动、无搭挂杂物 4. 声音正常，无异音 5. 硅胶不潮解、不变色、不破裂 6. 接地线完好、不断股、不松动 7. 基础架构不下沉、不倾斜、无裂纹、无风化、无锈蚀 8. 设备标志齐全、明显、正确	
	得分 或 扣分	1. 对质量要求 1 检查不全扣 1～4 分，不检查此项目无分 2. 对质量要求 2 检查不全扣 1～4 分，不检查此项目无分 3. 对质量要求 3 检查不全扣 1～4 分，不检查此项目无分 4. 对质量要求 4 检查不全扣 1～4 分，不检查此项目无分 5. 对质量要求 5 检查不全扣 1～4 分，不检查此项目无分 6. 对质量要求 6 检查不全扣 1～4 分，不检查此项目无分 7. 对质量要求 7 检查不全扣 1～3 分，不检查此项目无分 8. 对质量要求 8 检查不全扣 1～3 分，不检查此项目无分	

编　号	C54A008	行为领域	e	鉴定范围	2
考核时限	20min	题　型	A	题　分	30

试题正文	巡视检查油断路器
需　要 说明的问 题和要求	1. 独立完成 2. 现场巡视，不准触及带电设备
工具、材料、 设备场地	用户现场设备

	序号	项　目　名　称	满分
	1	检查油位	4
	2	检查压力表	4
	3	检查瓷套管	3
	4	检查引线	3
	5	检查操作机构	4
	6	检查接地线	4
	7	检查构架	4
	8	检查标志	4
评 分 标 准	质量 要求	1. 注油设备油位和油色正常、合乎标准、无渗油 2. 注油设备压力表正常、无渗油 3. 瓷套管清洁、无破损、无裂纹、无放电 4. 引线接头端子处接触良好、无过热，不松动，无搭挂杂物 5. 操作机构严密，压力表正常、无泄漏，开合位置指示器正确，机械传动部分完整 6. 设备接地线完好、不断股、不松动 7. 基础架构不下沉、不倾斜、无裂纹、无风化、无锈蚀 8. 设备标志齐全、明显、正确	
	得分 或 扣分	1. 对质量要求1检查不全扣1~4分，未检查无分 2. 对质量要求2检查不全扣1~4分，未检查无分 3. 对质量要求3检查不全扣1~3分，未检查无分 4. 对质量要求4检查不全扣1~3分，未检查无分 5. 对质量要求5检查不全扣1~4分，未检查无分 6. 对质量要求6检查不全扣1~4分，未检查无分 7. 对质量要求7检查不全扣1~4分，未检查无分 8. 对质量要求8检查不全扣1~4分，未检查无分	

行业：电力工程　　　　工种：用电检查员　　　　等级：初/中

编　号	C54A009	行为领域	e	鉴定范围	2
考核时限	20min	题　型	A	题　分	30

试题正文	巡视检查隔离开关
需　　要 说明的问 题和要求	1. 独立完成 2. 在现场不准触及带电设备
工具、材料、 设备场地	用户现场设备

评 分 标 准	序号	项　目　名　称	满分
	1	检查绝缘子	5
	2	检查引下线	4
	3	检查开关位置	4
	4	检查操作机构	4
	5	检查接地线	5
	6	检查基础构架	4
	7	检查设备标志	4
	质量 要求	1. 绝缘子清洁无破损、无裂纹、无放电烧痕 2. 引线接头端子处接触良好、无过热，螺柱不松动，无搭挂杂物，导线无破损 3. 隔离开关位置开、合正确，断开应完全断开，合上应三相一致，接触良好，无过热 4. 操作机构严密，联锁机构良好，无锈蚀、无损伤，机构传动部分完整 5. 设备接地线完好、不断股、不松动、不开焊 6. 基础架栓不下沉、不倾斜、无裂纹、无风化、无锈蚀 7. 设备标志齐全，明显正确	
	得分 或 扣分	1. 对质量要求 1 检查不全扣 1～5 分，未检查无分 2. 对质量要求 2 检查不全扣 1～4 分，未检查无分 3. 对质量要求 3 检查不全扣 1～4 分，未检查无分 4. 对质量要求 4 检查不全扣 1～4 分，未检查无分 5. 对质量要求 5 检查不全扣 1～5 分，未检查无分 6. 对质量要求 6 检查不全扣 1～4 分，未检查无分 7. 对质量要求 7 检查不全扣 1～4 分，未检查无分	

257

行业：电力工程　　　　工种：用电检查员　　　　　　等级：

编　号	C54A010	行为领域	e	鉴定范围	2
考核时限	20min	题　型	A	题　分	30

试题正文	巡视检查变压器
需　要 说明的问 题和要求	1. 独立进行巡视 2. 现场巡视不准触及带电设备
工具、材料、 设备场地	用户现场设备

	序号	项　目　名　称	满分
评分标准	1	检查注油设备	3
	2	检查瓷套管	3
	3	检查油温	3
	4	检查引线接头	3
	5	检查冷却装置	2
	6	检查呼吸器	3
	7	检查防爆装置	2
	8	检查变压器主体	3
	9	检查接地线	3
	10	检查基础构架	2
	11	检查设备标志	3
	质量要求	1. 变压器油位和油色正常、无渗漏 2. 瓷套管清洁、无破损、无裂纹、无放电烧痕 3. 变压器上层油温正常，温度表良好 4. 引线接头处接触良好、无过热，螺丝完整，无搭挂杂物，导线无破损 5. 冷却装置完好，风机、油泵运行正常，手触不偏热 6. 硅胶不潮解、不变色，油封正常、不破裂 7. 防爆装置无喷油、无破裂 8. 变压器运行声音正常、无异音 9. 设备接地线不断股、不松动 10. 基础架构不下沉、不倾斜、无裂纹、无风化、无锈蚀 11. 设备标志齐全、明显、正确	
	得分 或 扣分	1. 对质量要求1检查不全扣1～3分，未检查无分 2. 对质量要求2检查不全扣1～3分，未检查无分 3. 对质量要求3检查不全扣1～3分，未检查无分 4. 对质量要求4检查不全扣1～3分，未检查无分 5. 对质量要求5检查不全扣1～2分，未检查无分 6. 对质量要求6检查不全扣1～3分，未检查无分 7. 对质量要求7检查不全扣1～2分，未检查无分 8. 对质量要求8检查不全扣1～3分，未检查无分 9. 对质量要求9检查不全扣1～3分，未检查无分 10. 对质量要求10检查不全扣1～2分，未检查无分 11. 对质量要求11检查不全扣1～3分，未检查无分	

行业：电力工程　　　　工种：用电检查员　　　　等级：中/高

编　　　号	C43A011	行为领域	b	鉴定范围	5
考核时限	30min	题　　型	A	题　分	20
试题正文	利用秒表法测试判断单相有功电能表运行是否正常				
需　　要 说明的问 题和要求	1. 独立完成 2. 注意与带电设备保持安全距离				
工具、材料、 设备场地	1. 安装有单相低压有功电能表、负荷开关，并已接通电源的试验盘 2. 试验负载（纯电阻负载，已知功率 1000W 的电炉） 3. 秒表 4. 计算器（自备）				

	序号	项　目　名　称	满分
评 分 标 准	1	检查秒表并复位	3
	2	测试前工作准备	3
	3	预计算	2
	4	连接实验负载，并接通开关	2
	5	测试	3
	6	断开实验负载	2
	7	计算	2
	8	比较判断得出结论	3
	质量 要求	1. 正式使用秒表前要检测秒表是否正常，并验证码已复零 2. 了解测试盘接线 3. 了解实验负载功率 4. 了解电能表基本参数 5. 记录负载的功率、电能表常数 6. 根据负载功率、电能表常数计算 1min 电能表转盘应转圈数 N 7. 平视电能表转盘，按下秒表开始计时，并同时计数（转盘转数）；当计数到 3N 时停止计数 8. 根据计时计算实用电量，并计算电能表所计电量	
	得分 或 扣分	1. 检验秒表正确得 0.5 分，复零正确得 0.5 分，否则扣相应分 2. 解测试盘接线正确得 0.5 分，否则扣相应分 3. 记录负载的功率、电能表常数得 1.5 分，否则扣相应分 4. $N=\dfrac{WC}{60B}$ 公式得 1 分，N 算对得 1 分（C 为电能表常数，B 为倍率） 5. 接通开关得 1 分，否则扣相应分 6. 记数正确得 2 分，否则扣相应分 7. 断开实验负载正确得 1 分，否则扣相应分 8. 根据计时计算实用电量正确得 2 分，否则扣相应分 9. 根据转数计算电能表所计电量正确得 2 分，否则扣相应分 10. 比较上步计算的两个电量，判断此电能表是否正常，判断正确得 2 分，否则扣相应分	

行业：电力工程	工种：用电检查员	等级：中/高

编　号	C43A012	行为领域	e	鉴定范围	2
考核时限	20min	题　型	A	题　分	20

试题正文	处理因电能表错误接线而追补电量的问题（书面处理）

需　要说明的问题和要求	某用户装低压三相四线 100/5A 有功电能计量表一套，抄表发现 A 相互感器二次接线无电流，自装表之日起一年内已抄见电量 86 400kWh 技术要求：1. 按题意列出公式计算 　　　　　2. 保持书面整洁、无涂改

工具、材料、设备场地	笔、计算器各一件，纸

评分标准	序号	项　目　名　称	满分
	1	计算差额率=$\dfrac{\text{正确接线电量-错误接线电量}}{\text{错误接线电量}}\times100\%$	4
	2	计算三相电能表正确接线计量功率值 $P_0=3U_{ph}I_{ph}\cos\varphi$	4
	3	计算错误相功率值（设三相负荷平衡）$U_AI_A\cos\varphi=0$	4
	4	计算错误接线功率值 $P=2U_{ph}I_{ph}\cos\varphi$	2
	5	计算差额率=$\dfrac{3U_{ph}I_{ph}\cos\varphi-2U_{ph}I_{ph}\cos\varphi}{2U_{ph}I_{ph}\cos\varphi}\times100\%$ 　　　　　$=1/2\times100\%=50\%$	2
	6	6　计算应追补电量=86 400×50%=43 200（kWh）	4
	质量要求	书写整齐、清洁、清楚，计算公式正确，答案完整、无错	
	得分或扣分	1. 未列计算公式，扣20分 2. 计算错误，扣20分 3. 每涂改一处，扣5分 4. 扣分超出20分，得0分	

编　　号	C43A013	行为领域	d	鉴定范围	2
考核时限	15min	题　　型	A	题　　分	20
试题正文	正确使用钳型电流表				
需　　要 说明的问 题和要求	1. 独立完成 2. 带电作业，注意安全				
工具、材料、 设备场地	1. 钳型电流表 2. 绝缘手套 3. 带电的相线和零线				

	序号	项　目　名　称	满分
评 分 标 准	1 2 3 4 5	使用钳型电流表测量电流 量程 测量电流 读数 使用钳型电流表前必须精通其使用方法和注意事项（6条）： 　（1）被测电流大小难以估计时，可将量程开关放在最大位置上进行粗测，然后再根据粗测，将量程开关放在合适的量程上 　（2）转换量程时要将被测导线移出铁芯，不要在测量中直接切换 　（3）被测导线尽量置于孔中心以减少测量误差。测量时应一相一相地测，如铁芯中穿入两相或三相导线，则其读数不是算术和而是相量和。例如在对称电路中，铁芯中穿入两相的读数等于一相电流的值，穿入三相的读数为零 　（4）在水平排列的裸母线上测量时，要戴绝缘手套，站在绝缘台上，并要防止钳口造成两相短路。测量时头部要和带电体保持安全距离 　（5）不能同时测量电流、电压、钳型电流 　（6）测量时铁芯钳口紧密闭合，如有振动噪声，应将钳口重新开合一次	2 4 4 4 6
	质量 要求	1. 将量程开关置于被测电流位置 2. 被测电流穿入铁芯 3. 正确读出被测电流值的大小	
	得分 或 扣分	1. 钳型电流表使用方法和注意事项，错背、漏背、多背一条，扣1分 2. 被测的电流大于电流量程，扣4分 3. 误操作一次，扣5分 4. 错一处，扣2分	

编　　号	C43A014	行为领域	e	鉴定范围	2
考核时限	30min	题　　型	A	题　　分	30
试题正文	检查运行中的断路器时，发现哪些异常情况应立即退出运行				
需　要 说明的问 题和要求	1. 独立进行 2. 用户现场或仿真机				
工具、材料、 设备场地	用户现场或仿真机				

<table>
<tr><td rowspan="4">评
分
标
准</td><td colspan="2">序号</td><td>项　目　名　称</td><td>满分</td></tr>
<tr><td colspan="2">1
2
3
4
5
6
7</td><td>检查油面
检查绝缘子
检查放电情况
检查导电杆
检查绝缘
检查断路器
断路器退出时负荷处理</td><td>5
3
3
3
5
5
6</td></tr>
<tr><td>质量
要求</td><td colspan="2">1. 严重漏油造成油面低而看不到油面
2. 断路器内发生放电声响
3. 断路器支持绝缘子断裂或套管有严重裂纹
4. 断路器的导电杆连接处过热变色
5. 断路器瓷绝缘表面严重放电
6. 故障跳闸时断路器严重喷油冒烟
7. 在断路器退出运行前，应根据断路器所带负荷的重要程度和异常现象的严重程度，将负荷倒出或停下，采取相应的安全措施，避免扩大事故范围</td></tr>
<tr><td>得分
或
扣分</td><td colspan="2">1. 对质量要求 1 检查不全扣 1～5 分，不检查无分
2. 对质量要求 2 检查不全扣 1～3 分，不检查无分
3. 对质量要求 3 检查不全扣 1～3 分，不检查无分
4. 对质量要求 4 检查不全扣 1～3 分，不检查无分
5. 对质量要求 5 检查不全扣 1～5 分，不检查无分
6. 对质量要求 6 检查不全扣 1～5 分，不检查无分
7. 对质量要求 7 检查不全扣 1～6 分，不检查无分</td></tr>
</table>

行业：电力工程　　　　工种：用电检查员　　　　等级：高/技

编　　号	C32A015	行为领域	e	鉴定范围	2
考核时限	30min	题　　型	A	题　　分	20
试题正文	制定调度范围内的双路电源供电用户进行倒闸操作时应遵守的规定				
需　　要 说明的问 题和要求	1. 独立完成 2. 拟定操作规定				
工具、材料、 设备场地	笔和纸				

	序号	项　目　名　称	满分
评 分 标 准	1 2 3 4 5	报工作票 根据命令拟定操作票 按操作票进行操作 核对相位 紧急事故的倒闸操作	4 4 4 4 4
	质量 要求	1. 属于供电局调度所调度范围内的电气设备，必须得到调度所值班调度员的命令或同意后，并应根据调度员的命令填写操作票，经与值班调度员核对操作步骤后，方可进行操作 2. 并路倒闸时，为防止继电保护自动装置的误动作而解除或投入的继电保护和自动装置，应按值班调度员的命令执行，调度协议中规定允许在操作前自行解除或投入 3. 操作完毕，应将操作的终止时间和运行是否正常报告值班调度员 4. 检修工作可能造成相位变化时，应核对相位并报告值班调度员才能操作 5. 紧急事故处理的倒闸操作，可先操作后再向值班调度员报告	
	得分 或 扣分	1. 对项目 1 制定不全扣 1～4 分，未制定不得分 2. 对项目 2 制定不全扣 1～4 分，未制定不得分 3. 对项目 3 制定不全扣 1～4 分，未制定不得分 4. 对项目 4 制定不全扣 1～4 分，未制定不得分 5. 对项目 5 制定不全扣 1～4 分，未制定不得分	

行业：电力工程　　　　工种：用电检查员　　　　等级：高/技

编　号	C32A016	行为领域	e	鉴定范围	2
考核时限	20min	题　型	A	题　分	20
试题正文	拟定用户继电保护装置监督检查项目				
需　要 说明的问 题和要求	1. 独立完成 2. 现场进行 3. 注意安全				
工具、材料、 设备场地	用户现场设备				

<table>
<tr><td rowspan="3">评
分
标
准</td><td>序号</td><td>项　目　名　称</td><td>满分</td></tr>
<tr><td>1
2
3
4
5
6
7
8
9</td><td>设备校验
保护方式
整定值
保护变更
继电器元件状况
二次回路
跳闸电源
技术资料
继电器标识</td><td>3
2
2
2
3
2
2
2
2</td></tr>
<tr><td>质量
要求</td><td>1. 继电保护装置是否定期校验
2. 保护方式与系统配合情况如何
3. 保护定值整定是否合理
4. 继电保护跳闸后有无变动
5. 继电器性能、各元件质量和电气性能是否良好，动作是否灵活，运行中有无异音
6. 继电器和二次回路安装正确、牢固，其周围清洁与否，接线是否正确、整齐，端子编号是否正确，接线端子螺丝是否坚固可靠
7. 跳闸电源是否可靠，硅整流及电路储能装置是否齐全，蓄电池维护状况如何
8. 技术资料（整定值、试验记录、原理图、展开图、安装图）是否齐全，与实际是否一致
9. 各种继电器标识是否齐全、正确</td><td></td></tr>
<tr><td>得分
或
扣分</td><td>1. 对项目 1 拟定不全扣 1～3 分，未拟定不得分
2. 对项目 2 拟定不全扣 1～2 分，未拟定不得分
3. 对项目 3 拟定不全扣 1～2 分，未拟定不得分
4. 对项目 4 拟定不全扣 1～2 分，未拟定不得分
5. 对项目 5 拟定不全扣 1～3 分，未拟定不得分
6. 对项目 6 拟定不全扣 1～2 分，未拟定不得分
7. 对项目 7 拟定不全扣 1～2 分，未拟定不得分
8. 对项目 8 拟定不全扣 1～2 分，未拟定不得分
9. 对项目 9 拟定不全扣 1～2 分，未拟定不得分</td><td></td></tr>
</table>

行业：电力工程　　　　工种：用电检查员　　　　等级：高/技

编　号	C32A017	行为领域	e	鉴定范围	5
考核时限	20min	题　型	A	题　分	20

试题正文	帮助用户抑制高次谐波
需　要 说明的问 题和要求	1. 独立完成 2. 提供谐波测试报告
工具、材料、 设备场地	1. 提供一份谐波测试报告 2. 笔和纸

	序号	项　目　名　称	满分
评 分 标 准	1 2 3	谐波测试报告，了解谐波的影响及抑制方法 了解谐波分量，哪几次谐波分量较高 有针对性提出抑制谐波的办法	5 5 10
	质量 要求	1. 当电网中有谐波影响电容器组的安全运行，特别是当电容器的组容量较大，距离谐波较近时，必须采取加装滤波装置或串联电抗器的办法，对谐波加以抑制 2. 在一般情况下，电力系统中的高次谐波电流主要是 3、5、7、…等奇次谐波分量。因此主要考虑奇次谐波对电容器的影响 3. 选用串联电抗器抑制谐波时，一般都从 5 次谐波开始。抑制 3 次谐波，不宜选用串联电抗器。因为 3 次谐波选用的串联电抗器，其电抗值约为电容器容抗的 13%左右，会使得电容器组两端电压过分增高，超过允许值。为此，抑制三次谐波应选用谐波滤波装置	
	得分 或 扣分	1. 对质量要求"1"完成不全扣 1~5 分，未完成无分 2. 对质量要求"2"完成不全扣 1~5 分，未完成无分 3. 对质量要求"3"完成不全扣 1~10 分，未完成无分	

行业：电力工程　　　　工种：用电检查员　　　　等级：高/技

编　　号	C32A018	行为领域	e	鉴定范围	2
考核时限	20min	题　　型	A	题　　分	20
试题正文	对用户待并发电机并网操作的检测				
需　　要 说明的问 题和要求	1. 独立完成 2. 在控制屏上进行或在仿真机上操作 3. 注意安全				
工具、材料、 设备场地	用户现场设备或仿真机				

	序号	项　目　名　称	满分
	1 2 3 4	检测发电机的端电压与母线电压 检测并机的电压与母线电压相位 检测并机的频率与母线上的频率 检测并机的相序与母线上的相序	5 5 5 5
评 分 标 准	质量 要求	1. 待并发电机的端电压 U 或电动势 E，应与母线上的电压大小相等 2. 待并机的电压与母线上的电压相位相同 3. 待并机的频率应与母线上的频率相同 4. 待并机的相序应与母线上的相序相同 5. 总之，待并机的与母线上的端电压、电压相位、频率、相序都应相同	
	得分 或 扣分	本题要点检测正确得 5 分，检测不全或未回答均扣 5 分，扣完为止	

266

编　号	C32A019	行为领域	e	鉴定范围	1
考核时限	20min	题　型	A	题　分	20
试题正文	拟定气体继电器二次接线的有关规定				
需　要说明的问题和要求	1. 独立完成2. 用户现场或仿真机				
工具、材料、设备场地	1. 提供用户现场或仿真机2. 自带笔和纸				

<table>
<tr><th colspan="2">序号</th><th>项　目　名　称</th><th>满分</th></tr>
<tr><td rowspan="8"></td><td>1</td><td>气体继电器的防水处理</td><td>4</td></tr>
<tr><td>2</td><td>气体继电器的引出线要求</td><td>4</td></tr>
<tr><td>3</td><td>气体继电器的跳闸线要求</td><td>4</td></tr>
<tr><td>4</td><td>二次回路的绝缘电阻</td><td>4</td></tr>
<tr><td>5</td><td>二次导线及电缆的要求</td><td>4</td></tr>
</table>

评分标准	质量要求	1. 检查气体继电器端盖部分和电缆出线的小端子箱应有防水处理，可加防雨罩或漆片等予以密封，以防雨水进入造成误动作2. 气体继电器引出线应一律采用防油线，且经过一中间端子盒内端子极与电缆连接，电缆与防油线应从端子盒分别引出3. 去气体保护的跳闸线在端子排应与正极端子隔开4. 二次回路的绝缘电阻应合格5. 二次线使用的导线和电缆应有编号
	得分或扣分	1. 对项目 1 拟定不全扣 1～4 分，未拟定不得分2. 对项目 2 拟定不全扣 1～4 分，未拟定不得分3. 对项目 3 拟定不全扣 1～4 分，未拟定不得分4. 对项目 4 拟定不全扣 1～4 分，未拟定不得分5. 对项目 5 拟定不全扣 1～4 分，未拟定不得分

4.2.2 多项操作

行业：**051**   工种：**用电检查员**   等级：**初**

编　　号	C05B020	行为领域	e	鉴定范围	2
考核时限	15min	题　　型	B	题　分	30
试题正文	正确使用直流电桥测量变压器的直流电阻				
需　要 说明的问 题和要求	1. 操作人员独立完成 2. 结合现场实际编写操作过程 3. 正确使用单臂和双臂电桥				
工具、材料、 设备场地	1. 单臂电桥 2. 双臂电桥 3. 现场实际操作 4. 100kVA 变压器一台				

	序号	项　目　名　称	满分
评 分 标 准	1 2 3 4 5 6	对 100kVA 变压器高低绕组如何选择单双臂电桥 测量前还应估算好被测电阻值，选择适应的量程并选好倍率 检查单、双臂电桥检流计情况 测量电阻操作过程 测量完毕后操作过程 测量后电阻值是否合格	5 5 5 5 5 5
	质量 要求	1. 针对 100kVA 变压器的高低绕组情况正确选择单、双臂电桥 2. 将被测量电阻数值按估算值的附近测量 3. 检流计是否调整在零位上 4. 由于绕组电感较大，需等几分钟充电，待电流稳定后，才能接通检流计进行测量 5. 测量完毕后应先停检流计，再停电池开关，以防烧坏电桥；倒换测试线时，必须先将变压器放电以防人身触电 6. 对三相直流电阻值进行换算，不对称系数是否在规程规范范围内，不考虑测量现场的温度（相间电阻差别不大于三相平均值的 4%，线间电阻差别不大于三相平均值的 2%）	
	得分 或 扣分	1. 选择单双臂电桥，使用正确并无差错者得分，有差错者，扣 1～5 分 2. 选择好量程和倍率，操作正确无差错得分，有差错者，扣 1～5 分 3. 按操作步骤测量得分，未按操作步骤测量，扣 1～5 分 4. 操作过程正确无错误者得分，电桥摆放要平衡，经提示能继续操作者，扣本项总分 50% 5. 操作步骤正确无错误者得分，测试后读数要正确，有错者，扣 1～5 分 6. 计算方法和规程规定是否相符，对规程规定不熟悉者扣 3 分，对电阻值不进行换算、不对称系数不正确者不得分	

行业：电力工程　　　　工种：用电检查员　　　　等级：初/中

编　　号	C54B021	行为领域	e	鉴定范围	1
考核时限	20min	题　型	B	题　　分	28

试题正文	新装电容器在投入运行前的检查

需　要 说明的问 题和要求	1. 独立完成 2. 注意安全

工具、材料、 设备场地	1. 提供电容器的出厂试验报告 2. 提供电容器电容量的测试报告 3. 客户现场设备

	序号	项　目　名　称	满分
	1	外观及测试报告检查	4
	2	安装工艺检查	4
	3	接地检查	4
	4	放电变压器检查	4
	5	附件及其试验检查	4
	6	监视回路检查	4
	7	断路器检查	4

评 分 标 准	质量 要求	1. 电容器完好，试验合格 2. 电容器组的布线正确、安装合格，三相电容之间的差别应不超过一相总电容的5% 3. 各部连接严密、可靠，不与地绝缘的每个电容器外壳和架构均应有可靠的接地 4. 放电变压器的容量符合设计要求，各部件完好并试验合格 5. 电容器的各部附件及电缆试验合格 6. 电容器组的保护与监视回路完整并全部投入 7. 电容器的断路器符合要求，投入前应在断开位置；装有接地开关的，接地开关应在断开位置
	得分 或 扣分	1. 对质量要求1检查不全扣1~4分，未检查无分 2. 对质量要求2检查不全扣1~4分，未检查无分 3. 对质量要求3检查不全扣1~4分，未检查无分 4. 对质量要求4检查不全扣1~4分，未检查无分 5. 对质量要求5检查不全扣1~4分，未检查无分 6. 对质量要求6检查不全扣1~4分，未检查无分 7. 对质量要求7检查不全扣1~4分，未检查无分

编　　号	C54B022	行为领域	e	鉴定范围	2
考核时限	30min	题　型	B	题　　分	30
试题正文	用万用表确定电流互感器的极性，并画出接线图				
需　要 说明的问 题和要求	独立完成				
工具、材料、 设备场地	万用表一只，1.5V 电池 1 节，单极开关一个，电流互感器一只				

	序号	项　目　名　称	满分
	1 2 3	"直流法"测电流互感器极性 操作过程 绘出接线图	10 10 10
评 分 标 准	质量 要求	1. 用万用表确定电流互感器的极性属于极性测定方法中的"直流法"。如下图所示的接线。其具体方法是：在电流互感器一次绕组通过开关 S 接入直接电流，L1 通过开关接电源 E 的"+"极，L2 接"−"极 2. 具体操作过程：万用表的转换钮放在直流电流或电压档上，万用表接在电流互感器的二次绕组上，其 K1 端子接表"+"端子，K2 端接表"−"端子。当开关 S 接通时，表针正向起，断开时表针反向起，此时电流互感器为规定的减极性，反之为加极性 3. 接线图如图 C54B022 所示 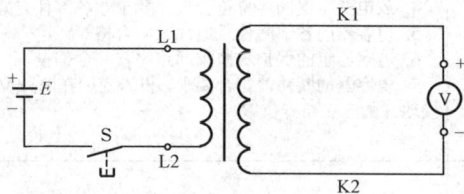 图 C54B022	
	得分 或 扣分	1. 对质量要求 1 操作不全扣 1～10 分，未操作无分 2. 对质量要求 2 操作不全扣 1～10 分，未操作无分 3. 对质量要求 3 绘图不正确扣 1～10 分，未画无分	

270

编　号	C54B023	行为领域	e	鉴定范围	2
考核时限	30min	题　型	B	题　分	30
试题正文	列出线损率的计算公式，并拟出降低线损的具体技术措施				
需　要 说明的问 题和要求	独立完成				
工具、材料、 设备场地	笔和纸				

	序号	项　目　名　称	满分
	1	线损率的计算公式	10
	2	减少变压的次数	4
	3	调整变压器运行台数	4
	4	合理规划	4
	5	提高功率因数	4
	6	合理调度	4

评 分 标 准	质量 要求	线损是线路上所损耗的电能占线路首端输送电能的百分数。$\Delta P\%=$（供电量–用电量）/供电量×100%，线损主要与电网结构、运行方式及负荷性质有关。降低线损的主要措施有： 　　1. 减少变压的次数，由于经过一次变压总要多消耗一部分功率，一般说每多一级变压大约要多消耗 1%～2%的有功功率 　　2. 合理调整运行变压器台数，负荷轻，停用大容量变压器，改投小容量变压器，降低变压器的空载损失；另外，要选用低损耗的变压器 　　3. 结合规划调整不合理的线损布局，应尽量减少迂回线路、缩短电力线路、降低变压器的空载损失；另外，要选用低损耗的变压器 　　4. 提高负荷的功率因数，尽量使无功功率就地平衡，以减少线路和变压器中的损失 　　5. 实行合理的运行调度，及时掌握有功和无功负荷潮流，以做到经济运行
	得分 或 扣分	1. 计算公式列的正确得 10 分，错扣 10 分 　　2. 对质量要求 1 拟定不全扣 1～4 分，未拟定无分 　　3. 对质量要求 2 拟定不全扣 1～4 分，未拟定无分 　　4. 对质量要求 3 拟定不全扣 1～4 分，未拟定无分 　　5. 对质量要求 4 拟定不全扣 1～4 分，未拟定无分 　　6. 对质量要求 5 拟定不全扣 1～4 分，未拟定无分

行业：**电力工程**　　　工种：**用电检查员**　　　等级：**中/高**

编　　号	C43B024	行为领域	e	鉴定范围	1
考核时限	30min	题　　型	B	题　　分	30

试题正文	拟定双电源和自发电用户的安全措施
需　要 说明的问 题和要求	独立完成
工具、材料、 设备场地	笔和纸

	序号	项　目　名　称	满分
评 分 标 准	1 2 3 4 5 6 7	连锁装置 接地装置 交叉跨越 转供电 安全规程 有关规定 自投要求	5 4 5 2 6 4 4
	质量 要求	1. 双用户电源应设置在同一配电室内，两路电源之间装设双投隔离开关或其他确实安全可靠的连锁装置，防止互相倒送电 2. 自发电机组的中性点（**TT、TN 系统**）要单独接地，接地电阻不大于 4Ω，禁止利用供电部门线路上的接地装置接地 3. 自发电用户的线路严禁使用供电部门的线路杆塔，不准与供电部门的电杆同杆架设，不准与供电部门的线路交叉跨越，不准与公用电网合用接地装置和中性线 4. 双电源和自发电用户，严禁擅自向其他用户转供电 5. 为防止双电源在操作中发生事故，用户应严格执行安全规程有关倒闸操作和安全规定。例如：应设置操作模拟图板，制订现场操作规程、备齐有关安全运行和管理的规程及包括运行日志在内的各项记录；培训电工，考核合格后上岗；高压用户的双电源切换操作必须按与供电部门签订的调度协议规定执行等 6. 与电力系统连接的地方小水电、小火电、小热电，除采取上述安全措施外，还必须执行其他有关的规定 7. 10kV 备用电源自动投入应满足其装置的自投要求
	得分 或 扣分	1. 对质量要求 1 拟定不全扣 1～5 分，未拟定无分 2. 对质量要求 2 拟定不全扣 1～4 分，未拟定无分 3. 对质量要求 3 拟定不全扣 1～5 分，未拟定无分 4. 对质量要求 4 拟定不全扣 1～2 分，未拟定无分 5. 对质量要求 5 拟定不全扣 1～6 分，未拟定无分 6. 对质量要求 6 拟定不全扣 1～4 分，未拟定无分 7. 对质量要求 7 拟定不全扣 1～4 分，未拟定无分

272

行业：电力工程　　　　工种：用电检查员　　　　等级：中/高

编　号	C43B025	行为领域	e	鉴定范围	2
考核时限	30min	题　型	B	题　分	30
试题正文	分析检查备用电源自动投入装置（以下简称自动装置）投入原因及要求				
需　要说明的问题和要求	1. 独立完成 2. 用户现场或仿真机 3. 注意安全				
工具、材料、设备场地	用户现场或仿真机				

<table>
<tr><td rowspan="8"></td><td>序号</td><td>项　目　名　称</td><td>满分</td></tr>
<tr><td>1</td><td>一路电源失压</td><td>5</td></tr>
<tr><td>2</td><td>变压器故障</td><td>4</td></tr>
<tr><td>3</td><td>电源侧跳闸</td><td>4</td></tr>
<tr><td>4</td><td>合在故障上</td><td>4</td></tr>
<tr><td>5</td><td>装置动作次数</td><td>4</td></tr>
<tr><td>6</td><td>熔断器熔断</td><td>5</td></tr>
<tr><td>7</td><td>装置防误措施</td><td>4</td></tr>
</table>

评分标准	质量要求	1. 当一路电源失压或电压降得很低时，自动装置应将此路电源的断路器跳闸。为了与出线保护及上级自动重合闸配合，自动装置跳闸应带有时限。另外备用电源无电时，自动装置不应动作 2. 变压器故障时，自动装置不应动作 3. 电源的断路器跳闸后，经短延时立即将备用电源断路器（分段断路器）自动合上，要求动作迅速 4. 如合在故障上，备用电源断路器（分段断路器）应立即跳闸。即后加速跳闸 5. 自动装置动作只有一次，即备用电源断路器（分段断路器）跳闸后，自动装置合闸回路被闭锁 6. 要防止电压互感器熔断器熔断或拉开电压互感器隔离开关时，引起自动装置误动作 7. 正常操作时应采取防止自动装置误动作的措施
	得分或扣分	1. 对质量要求1分析检查不全扣1～5分，未分析检查无分 2. 对质量要求2分析检查不全扣1～4分，未分析检查无分 3. 对质量要求3分析检查不全扣1～4分，未分析检查无分 4. 对质量要求4分析检查不全扣1～4分，未分析检查无分 5. 对质量要求5分析检查不全扣1～4分，未分析检查无分 6. 对质量要求6分析检查不全扣1～5分，未分析检查无分 7. 对质量要求7分析检查不全扣1～4分，未分析检查无分

行业：电力工程   工种：用电检查员   等级：中/高

编　号	C43B026	行为领域	e	鉴定范围	2
考核时限	30min	题　型	B	题　分	30
试题正文	拟定常用的几种核相方法				
需　要 说明的问 题和要求	1. 独立完成 2. 两路电源供电的用户 3. 注意安全				
工具、材料、 设备场地	1. 提供两路电源供电的用户 2. 核相杆，电压表（万用表），白炽灯 3. 自带工具 4. 安全用具				

	序号	项　目　名　称	满分
评 分 标 准	1 1.1 1.2 2 2.1 2.2	高压侧核相 用核相杆 用电压表 低压侧核相 利用低压母线 利用白炽灯	3 5 7 3 7 5
	质量 要求	常用的核相方法如下： 1　在高压侧核相 1.1　用核相杆直接在两个电源之间核对相位 1.2　在两台三相电压互感器二次侧核相，用电压表先将两个电压互感器接一个电源定相，然后，将两个电压互感器分别接在两个电源上，用二次侧核对相位 2　在低压侧核相 2.1　对并列变压器，应在变压器低压侧核相。对于 0.4kV 低压母线可以直接使用电压表核对相位 2.2　用白炽灯在两个电源之间核对相位	
	得分 或 扣分	1. 对质量要求 1 拟定可在高压侧核相得 3 分，否则不得分 2. 对质量要求 1.1 拟定不全扣 1～5 分，不拟定此项目无分 3. 对质量要求 1.2 拟定全得 7 分，仅拟定用电压表未指明在何处核相得 2 分，不拟定此项无分 4. 对质量要求 2 拟定可在低压侧进行核相得 3 分，否则不得分 5. 对质量要求 2.1 拟定不全扣 1～7 分，不拟定此项无分 6. 对质量要求 2.2 拟定不全扣 1～5 分，不拟定此项无分	

行业：电力工程   工种：用电检查员   等级：中/高

编　　号	C43B027	行为领域	e	鉴定范围	2
考核时限	30min	题　　型	B	题　　分	30
试题正文	对用户发生的重大事故做调查分析				
需　　要 说明的问 题和要求	1. 独立进行 2. 用户现场				
工具、材料、 设备场地	1. 客户现场设备 2. 自带笔和纸				

	序号	项　目　名　称	满分
	1	到达事故现场	3
	2	开现场会	5
	3	查阅保护动作情况	4
	4	检查事故设备	5
	5	查阅事故记录	5
	6	复试检查	3
	7	指出事故原因	5
评分标准	质量要求	1. 接到发生事故通知后，应通知发生事故单位的电气负责人，告知什么时间到达现场，叫哪些人参加事故分析会 2. 开现场分析会，听取值班人员和目睹者介绍发生事故的过程，并按先后次序仔细记录事故的发生过程 3. 查阅用电事故现场的保护动作情况 4. 检查事故设备的损坏部位、损坏程度 5. 查阅用户事故当时记录是否正确 6. 检查有疑问时，可进行必要的重复检查 7. 综合上述情况，指出发生事故的真正原因，提出防止发生事故的措施及处理意见	
	得分 或 扣分	1. 对质量要求1处理不妥扣1～3分，不处理不得分 2. 对质量要求2处理不妥扣1～5分，不处理不得分 3. 对质量要求3处理不妥扣1～4分，不处理不得分 4. 对质量要求4处理不妥扣1～5分，不处理不得分 5. 对质量要求5处理不妥扣1～5分，不处理不得分 6. 对质量要求6处理不妥扣1～3分，不处理不得分 7. 对质量要求7处理不妥扣1～5分，不处理不得分	

行业：电力工程　　　　工种：用电检查员　　　　等级：中/高

编　　号	C43B028	行为领域	e	鉴定范围	2
考核时限	30min	题　型	B	题　分	30

试题正文	拟出用表计检测三相三线有功、无功表错误接线的步骤并计算更正系数

需　　　要 说明的问 题和要求	1. 独立操作 2. A 相电流互感器二次侧反极性，AC 电压元件发生接线错误 3. 注意安全

工具、材料、 设备场地	1. 自带常用工具 2. 电能表接线模拟装置一台 3. 万用表、相位表、功率表、相序表 4. 安全用具

	序号	项　目　名　称	满分
评 分 标 准	1 2 3	检查接线 分析电压、电流相位关系 计算更正系数	10 15 5
	质量 要求	1. 检查每相二次电压 2. 检查每相二次电流 3. 检查相序 4. 测出每相的电压与电流相位关系 5. 画出相量图，正确分析相位关系 6. 算出错误接线的更正系数	
	得分 或 扣分	1. 正常测量二次电压和电流，得 2 分 2. 测量相序，得 2 分 3. 测出每相的电压与电流相位，得 6 分 4. 画出相量图，相位关系分析正确得 10 分 5. 计算更正系数正确，得 10 分 6. 工作单填写错误或涂改一处，扣 2 分 7. 超时 5min 以内扣 10 分，超过 5min 以上不得分 8. 本题分数扣完为止	

行业：电力工程　　　　　工种：用电检查员　　　　　等级：高/技

编　　号	C43B029	行为领域	e	鉴定范围	4
考核时限	30min	题　　型	B	题　　分	30
试题正文	三相电能表窃电的判断				
需　　要说明的问题和要求	1. 直通表的窃电判断2. 带互感器的计量装置的窃电判断				
工具、材料、设备场地	1. 独立操作2. 自带工具3. 电能表接线模拟装置台4. 相位伏安表				

	序号	项　目　名　称	满分
评分标准	1	直通表的窃电判断	2
	1.1	电量变化	2
	1.2	封印	2
	1.3	试表	2
	1.4	分流、断压	2
	1.5	绕表接线	2
	1.6	线接反	2
	1.7	换表芯	2
	1.8	倒码	2
	1.9	破坏表	2
	2	带互感器的计量装置的窃电判断	
	2.1	电量变化	2
	2.2	检查 TA、TV 极性	2
	2.3	检查 TA	2
	2.4	检查 TV	2
	2.5	检查电能表接线	2
	2.6	核对六角图	2
	质量要求	1　对三相直通表窃电的常用判断方法1.1　抄表时核对电量有无变化1.2　检查表封和接线及端钮有无变化1.3　开灯试表1.4　有无分流和断压现象1.5　有无绕表和接外线用电1.6　进表和出表线接反，表慢1.7　有无更换表芯的迹象1.8　有无表码倒走现象1.9　有无破坏表内机构的现象2　对带电压和电流互感器的计量装置窃电的常用判断方法2.1　抄表时核对电量有无变化2.2　检查 TA、TV 的极性有否接反2.3　检查 TA 二次绕组是否短接2.4　检查 TV 一、二次部分是否断路2.5　检查电能表进表线和出表线是否接反及有无分流和断压现象2.6　核对六角图是否正确	
	得分或扣分	1. 若还有其他方法考官根据情况判断2. 1.1～1.9 答对一个要点得 2 分，未答无分3. 2.1～2.6 答对一个要点得 2 分，未答无分	

编　号	C43B030	行为领域	e	鉴定范围	1
考核时限	30min	题　型	B	题　分	30

试题正文	拟定用电检查的内容
需　要 说明的问 题和要求	独立完成
工具、材料、 设备场地	笔和纸

	序号	项　目　名　称	满分
评 分 标 准	1	标准，制度	2
	2	施工质量	3
	3	设备运行状况	2
	4	保安电源	3
	5	反事故措施	3
	6	进网电工	2
	7	用电情况	2
	8	计量及自动装置	3
	9	供用电合同	3
	10	电能质量	2
	11	违约，窃电	2
	12	并网，自备电源	
	质量 要求	1. 用户执行国家有关电力供应与使用的法规、方针、政策、标准、规章制度情况 2. 用户受（送）电装置工程施工质量检验 3. 用户受（送）电装置中电气设备运行安全状况 4. 用户保安电源和非电性质的保安措施 5. 用户反事故措施 6. 用户进网作业电工的资格，进网作业安全状况及作业安全保障措施 7. 用户执行计划用电、节约用电情况 8. 用电计量装置、电力负荷控制装置、继电保护和自动装置、调度通信等安全运行状况 9. 供用电合同及有关协议履行的情况 10. 受电端电能质量状况 11. 违章用电和窃电行为 12. 并网电源、自备电源并网安全状况	
	得分 或 扣分	1. 对质量要求 1 拟定不全扣 1～2 分，未拟定无分 2. 对质量要求 2 拟定不全扣 1～3 分，未拟定无分 3. 对质量要求 3 拟定不全扣 1～2 分，未拟定无分 4. 对质量要求 4 拟定不全扣 1～3 分，未拟定无分 5. 对质量要求 5 拟定不全扣 1～3 分，未拟定无分 6. 对质量要求 6 拟定不全扣 1～2 分，未拟定无分 7. 对质量要求 7 拟定不全扣 1～2 分，未拟定无分 8. 对质量要求 8 拟定不全扣 1～3 分，未拟定无分 9. 对质量要求 9 拟定不全扣 1～3 分，未拟定无分 10. 对质量要求 10 拟定不全扣 1～2 分，未拟定无分 11. 对质量要求 11 拟定不全扣 1～3 分，未拟定无分 12. 对质量要求 12 拟定不全扣 1～2 分，未拟定无分	

行业：电力工程　　　　工种：用电检查员　　　　等级：中/高

编　　号	C43B031	行为领域	e	鉴定范围	2
考核时限	30min	题　　型	B	题　分	20

试题正文	拟定少油断路器大修后重点验收的项目

需　　要 说明的问题和要求	1. 独立完成 2. 用户现场或仿真机

工具、材料、设备场地	1. 提供检修后试验报告 2. 用户现场或仿真机

<table>
<tr><td rowspan="22">评

分

标

准</td><td>序号</td><td colspan="2">项　目　名　称</td><td>满分</td></tr>
<tr><td>1</td><td colspan="2">查看试验报告</td><td>3</td></tr>
<tr><td>2</td><td colspan="2">检查密封情况</td><td>3</td></tr>
<tr><td>3</td><td colspan="2">检查瓷质部位</td><td>3</td></tr>
<tr><td>4</td><td colspan="2">检查油位</td><td>3</td></tr>
<tr><td>5</td><td colspan="2">检查传动部分</td><td>3</td></tr>
<tr><td>6</td><td colspan="2">检查指示标志</td><td>3</td></tr>
<tr><td>7</td><td colspan="2">检查各部紧固情况</td><td>2</td></tr>
<tr><td rowspan="7">质量
要求</td><td colspan="3">1. 检修与试验的各项数据是否符合规程要求
2. 检查各部分的密封和防潮处理情况
3. 瓷质部位是否清洁，有无破损、裂纹
4. 油位是否正常，有无渗漏油现象
5. 手动慢合传动部位时应灵活可靠；电动拉合及传动继电保护装置动作正确，信号灯指示正确
6. 拉合闸指示标志清楚、指示正确
7. 各部位螺丝紧固，设备上无临时试验用短路线及遗留物</td></tr>
<tr><td rowspan="7">得分
或
扣分</td><td colspan="3">1. 对质量要求 1 拟定不全扣 1～3 分，不拟定不得分
2. 对质量要求 2 拟定不全扣 1～3 分，不拟定不得分
3. 对质量要求 3 拟定不全扣 1～3 分，不拟定不得分
4. 对质量要求 4 拟定不全扣 1～3 分，不拟定不得分
5. 对质量要求 5 拟定不全扣 1～3 分，不拟定不得分
6. 对质量要求 6 拟定不全扣 1～3 分，不拟定不得分
7. 对质量要求 7 拟定不全扣 1～2 分，不拟定不得分</td></tr>
</table>

编　　　号	C32B032	行为领域	e	鉴定范围	2
考核时限	30min	题　　型	B	题　　分	20

试题正文	检查运行中的油浸式互感器时，发现哪些异常应立即退出运行
需　　要 说明的问 题和要求	1. 独立完成 2. 用户现场或仿真机
工具、材料、 设备场地	用户现场设备或仿真机

<table>
<tr><td rowspan="3">评
分
标
准</td><td colspan="2">序号</td><td>项　目　名　称</td><td>满分</td></tr>
<tr><td colspan="2">1
2
3
4
5
6</td><td>检查油位
检查声音
放电情况
瓷绝缘情况
电流互感器运行情况
熔丝情况</td><td>4
3
3
4
3
3</td></tr>
<tr><td>质量
要求</td><td colspan="2">1. 严重漏油或严重缺油时
2. 发现内部有异常声音时
3. 外部有严重放电情况时
4. 瓷绝缘严重破损时
5. 电流互感器二次开路时
6. 电压互感器一、二次熔丝熔断后</td></tr>
<tr><td></td><td>得分
或
扣分</td><td colspan="2">1. 对质量要求1检查不全扣1～4分，不检查不得分
2. 对质量要求2检查不全扣1～3分，不检查不得分
3. 对质量要求3检查不全扣1～3分，不检查不得分
4. 对质量要求4检查不全扣1～4分，不检查不得分
5. 对质量要求5检查不全扣1～3分，不检查不得分
6. 对质量要求6检查不全扣1～3分，不检查不得分</td></tr>
</table>

行业：电力工程　　　　工种：用电检查员　　　　等级：高/技

编　号	C32B033	行为领域	e	鉴定范围	2
考核时限	30min	题　型	B	题　分	30
试题正文	检查分析高压油断路器电动合闸时操作机构未动的原因				
需　要说明的问题和要求	1. 独立完成检查 2. 现场设备或仿真机				
工具、材料、设备场地	1. 自带工具 2. 万用表 3. 用户现场或仿真机				

	序号	项　目　名　称	满分
评分标准	1 2 3 4 5 6	直流电压 二次控制回路 合闸直流接触器 主合闸回路 操作手把 操作机构	5 5 5 5 5 5
	质量要求	1. 直流电压过低。蓄电池容量下降或硅整流器有问题，会造成合闸时电源电压过低，低于合闸电压的最低允许值 2. 检查二次侧控制回路，其熔断器熔丝是否熔断 3. 检查合闸直流接触器，看其主触头和辅助触点接触是否良好 4. 检查主合闸回路是否断线，主合闸熔丝是否熔断，线圈本身是否有故障 5. 检查操作手把的触点和断路器的动断（常闭）触点是否接触良好 6. 对于弹簧储能的操作机构，应检查储能是否到位，行程开关是否断开	
	得分或扣分	1. 对质量要求1检查分析不全，扣1～5分，不检查分析不得分 2. 对质量要求2检查分析不全，扣1～5分，不检查分析不得分 3. 对质量要求3检查分析不全，扣1～5分，不检查分析不得分 4. 对质量要求4检查分析不全，扣1～5分，不检查分析不得分 5. 对质量要求5检查分析不全，扣1～5分，不检查分析不得分 6. 对质量要求6检查分析不全，扣1～5分，不检查分析不得分	

4.2.3 综合操作

行业：电力工程　　　　工种：用电检查员　　　　等级：初/中

编　　号	C54C034	行为领域	e	鉴定范围	2
考核时限	30min	题　　型	C	题　　分	20
试题正文	处理以下家电损坏赔偿案件				
需　　要 说明的问 题和要求	由供电部门负责运行维护的 220/380V 供电线路发生相线与零线互碰事故，致使赵、李、王三家家用电器损坏。通过调查得知：赵家损坏电冰箱、电热水器各一台，购买三个月，电冰箱购价为 2500 元、电热水器为 2000 元；李家损坏电视机、电冰箱各一台，购买时间为 4 年，电视机 3000 元、电冰箱 2800 元；王家损坏电视机、电热水器各一台，购买时间已达 10 年，电视机 3000 元、电热水器 2800 元，计算出来的折旧差额低于原价的 10%				
工具、材料、 设备场地	1. 笔和纸 2. 计算器				

	序号	项　目　名　称	满分
评 分 标 准	1 2 3	赵家赔偿额 李家赔偿额 王家赔偿额	4 8 8
	质量 要求	供电部门应分别赔偿这三家经济损失如下： 1. 赵家：全额赔偿。赔偿金额为：2500+2000=4500（元） 2. 李家：按折旧后的余额赔偿。电视机的平均使用寿命为 10 年，电冰箱平均使用寿命为 12 年 电视机折旧后的余额=3000×(1-4/10)=1800（元） 电冰箱折旧后的余额=2800×(1-4/12)=1867（元） 李家获赔金额=1800+1867=3667（元） 3. 王家：电热水器的使用寿命为 5 年，该家按原价的 10% 进行赔偿 王家获赔金额=(3000+2800)×10%=580（元）
	得分 或 扣分	满分 20 分 1. 计算赵家赔偿金额 4 分。计算对得 4 分，计算错不得分 2. 计算李家赔偿金额 8 分。计算对得 8 分，计算错不得分，计算对其中一项得 4 分 3. 计算王家赔偿金额 8 分。计算对得 8 分，计算错不得分，计算对其中一项得 4 分

行业：电力工程　　　　工种：用电检查员　　　　等级：中/高

编　　号	C43B035	行为领域	e	鉴定范围	2
考核时限	30min	题　　型	C	题　　分	30
试题正文	检查高压用户应建立的资料				
需　要 说明的问 题和要求	1. 独立进行 2. 用户现场				
工具、材料、 设备场地	1. 提供用户现场 2. 自带笔和纸				

	序号	项　目　名　称	满分
评 分 标 准	1 2 3 4 5 6 7 8 9 10 11	用户用电概况 供电方案、供电合同 用户系统接线 交接试验 预防性试验 整定值 进网人员 设备事故 人身事故 双电源 发电机	3 4 3 2 3 2 3 2 2 3 3
	质量 要求	1. 检查高压用户用电基本概况表 2. 检查高压供电方案、供电合同 3. 检查高压用户一次系统接线图 4. 检查用电设备交接试验报告及继电保护校验报告 5. 检查用电设备预防性试验报告及保护定期校验报告 6. 检查继电保护整定通知单 7. 检查用户进网作业电工人员名单（单位电工） 8. 检查用户电气设备事故调查报告 9. 检查用户人身触电事故调查报告 10. 检查双电源许可证 11. 检查用户自备小型发电机使用审批表（许可证）	
	得分 或 扣分	1. 答不全扣1～3分，此项不答不得分 2. 只答供电方案得1分，未答供电合同扣3分 3. 系统图与实际不一致能提出得3分，不答或发现不了不得分 4. 应检查交接性试验报告得1.5分、交接校验报告得1.5分，未检查不 得分 5. 应检查预防性试验报告得1.5分，周期校验报告得1.5分，未检查不 得分 6. 应检查继电保护整定通知单得2分 7. 应检查进网作业人员的名单及持证情况得3分 8. 应检查用户用电设备事故调查报告得2分 9. 应检查用户人身触电事故调查报告得2分 10. 应检查双电源使用批准许可证得3分 11. 应检查用户自备小型发电机批准许可证得3分	

行业：电力工程　　　工种：用电检查员　　　等级：高/技

编　号	C32B036	行为领域	e	鉴定范围	2
考核时限	60min	题　型	C	题　分	30
试题正文	检查高压用户电能计量装置接线并更正错误接线				

需要说明的问题和要求	1. 高压用户计量设备：三相三线有功电能表，TA 变比 100/5，TV 变比 10 000/100 2. 电能表接线错误时间一个月，起码 146.5，止码 503.8，用户月平均功率因数 0.89，三相负载平衡 3. 错误接线由考评员现场设定 4. 独立操作 5. 工作中应做好安全防护措施
工具、材料、设备场地	1. 工具自备 2. 材料现场提供 3. 各种计量装置供选择 4. 安全用具

	序号	项　目　名　称	满分
评分标准	1 2 3 4 5 6 7	检查开工前的准备 检查电能表接线 画相量图，分析判断错误接线 更正错误接线 计算更正系数和追补电量 完工检查 加封	1 5 10 5 5 3 1
	质量要求	1. 正确填写工作票 2. 正确判断错误接线 3. 正确绘制相量图 4. 依据相量图更正错误接线 5. 正确计算追补电量 6. 操作步骤正确，过程安全，工具使用得当 7. 完工后加盖、加封	
	得分或扣分	1. 不能正确判断接线错误，不得分 2. 不能正确计算更正系数，扣 10 分 3. 不能正确计算追补电量，扣 5 分 4. TA 开路或 TV 短路，不得分 5. 不能更正错误接线，扣 10 分 6. 工作票填写错误或涂一处，扣 2 分 7. 工作中存在不安全行为扣 5 分 8. 超时 10min 以内扣 10 分，超时 10min 以上不得分	

284

行业：电力工程　　　　　工种：用电检查员　　　　　等级：高/技

编　　号	C32C037	行为领域	e	鉴定范围	1
考核时限	30min	题　　型	C	题　　分	30
试题正文	拟定新装高压用户竣工验收和起动送电方案				
需　　要说明的问题和要求	独立完成				
工具、材料、设备场地	1. 竣工报告 2. 一、二次回路图 3. 设备调试报告				

	序号	项　目　名　称	满分
评分标准	1	提出有关资料和调试报告	5
	2	验收检查	5
	3	复查	5
	4	设备调试	5
	5	送抵相关协议（合同）	5
	6	组织送电	5
	质量要求	1. 用户的电气设备安装完工，并提出下列有关资料后，组织进行竣工检查 （1）竣工报告 （2）符合现场实际的一、二次回路图 （3）电气设备出厂说明书和出厂试验报告 （4）电气设备调试报告和继电保护调试报告 （5）现场操作和运行管理的有关规程及运行人员名单 （6）安全工具、试验报告和隐蔽工程报告 2. 接到上述资料后，组织供用电单位和设计施工单位的有关人员到现场验收检查，提出检查意见，确定改进办法和完成日期，确定送电日期，经各方同意后，签发会议纪要 3. 用电单位按会议纪要提出的内容，按时完成后，用电检查员进行复审 4. 用电检查人员按确定的日期组织装表，进行设备继电保护的调试 5. 将有关电力调度单位制订的送电批准书和调度协议，送至有关单位 6. 送电的准备工作全部完成后，用电检查员和有关人员到现场参加送电的指导工作，按调度发的送电批准书或调度协议所列内容和步骤组织送电。送电后，检查设备有无问题，各种仪表指示应正常，电能计量、定量用电正常，并记录表底数和表号，将有关工作单转送有关单位	
	得分或扣分	1. 对质量要求1拟定对一个要点得1分，全拟定对得5分，未拟定无分 2. 对质量要求2拟定不全扣1～5分，未拟定无分 3. 对质量要求3拟定不全扣1～5分，未拟定无分 4. 对质量要求4拟定不全扣1～5分，未拟定无分 5. 对质量要求5拟定不全扣1～5分，未拟定无分 6. 对质量要求6拟定不全扣1～5分，未拟定无分	

行业：电力工程　　　　　工种：用电检查员　　　　　等级：高/技

编　号	C32C038	行为领域	e	鉴定范围	2
考核时限	60min	题　型	C	题　分	30
试题正文	用相位伏安表法带电检查一只带电流互感器三相三线有功电能表接线				
需　要说明的问题和要求	1. 独立完成 2. 注意安全 3. 在配电盘上操作 4. 现场设定电能表错误接线 5. 计算更正比量的所用参数现场设定				
工具、材料、设备场地	1. 电能计量装置现场 2. 相序表、钳型相位伏安表、万用表 3. 工具自备 4. 安全用具				

	序号	项　目　名　称	满分
评分标准	1 2 3 4 5 6	测量三相电后，确定 B 相 相序测量 电流互感器二次电流测量，电压及相位测量 相量图 更正错误接线 计算更正电量	5 5 2 5 8 5
	质量要求	1. 正确使用钳型相位伏安表，说明确定 B 相的原因和方法 2. 正确判定相序 3. 正确测量电压、电流、相位值 4. 依据上述所测数据，正确绘出相量图 5. 根据相量图，分析、判断、更正错误接线 6. 计量更正电量	
	得分或扣分	1. 不能正确判断相序，扣 5 分 2. 不能正确使用用相位伏安表，扣 5 分 3. 相位图错一相，扣 5 分 4. 相量图判断错一相，扣 5 分 5. 不能改正错误接线，扣 5 分 6. 更正电量计算错误，扣 5 分 7. 超时 5min 以内扣 10 分，超时 5min 以上不得分 8. 本题分数扣完为止	

286

编　号	C21C039	行为领域	e	鉴定范围	2
考核时限	30min	题　型	C	题　分	30
试题正文	根据线路保护的动作情况粗略判断故障性质及故障地段				
需　要 说明的问 题和要求	1. 独立完成 2. 在仿真机上操作				
工具、材料、 设备场地	仿真机				

	序号	项　目　名　称	满分
评 分 标 准	1 2 3 4 5 6 7	速断保护动作 过流的Ⅰ段动作 过流的Ⅱ（Ⅲ）段动作 零序（包括接地、距离）保护动作 距离保护动作 高频保护动作 方向元件保护动作	4 4 4 4 4 5 5
	质量 要求	线路保护的动作都能反映一定的故障性质和范围，推断如下： 　1. 如果电流速断保护动作，说明故障性质比较严重，且发生范围在保护安装处线路的首端 　2. 如果是过流保护的Ⅰ段动作，说明线路有故障，且发生范围在保护安装处线路的首端 　3. 如果是过流保护Ⅱ（Ⅲ）段动作，说明线路有故障，且发生范围在线路全长范围内，重点在线路中、末端 　4. 如果零序（包括接地距离）保护动作，说明线路发生了接地故障（其保护的分段动作同过流保护大体相同） 　5. 如果距离保护动作，说明线路发生了相间短路故障（其保护的分段动作情况同过流保护大体相同） 　6. 高频保护动作，说明本线路发生了单相接地或相间故障 　7. 若带有方向元件的保护动作，故障点都发生在本线路以内 在判断故障性质和范围时，根据保护动作情况并结合故障录波器的波形图，将更准确
	得分 或 扣分	1. 对质量要求1判断不全扣1～4分，未判断无分 2. 对质量要求2判断不全扣1～4分，未判断无分 3. 对质量要求3判断不全扣1～4分，未判断无分 4. 对质量要求4判断不全扣1～4分，未判断无分 5. 对质量要求5判断不全扣1～4分，未判断无分 6. 对质量要求6判断不全扣1～5分，未判断无分 7. 对质量要求7判断不全扣1～5分，未判断无分

行业：电力工程　　　　工种：用电检查员　　　　等级：技/高技

编　号	C21C040	行为领域	e	鉴定范围	1
考核时限	30min	题　型	C	题　分	30
试题正文	主变压器差动保护动作后的判断、检查和处理				
需　要 说明的问 题和要求	1. 独立完成 2. 在仿真机上操作，按现场规程考核 3. 遵守仿真机使用规定，仿真机工作人员适当配合				
工具、材料、 设备场地	仿真机				

	序号	项　目　名　称	满分
评 分 标 准	1 2 3	工作原因判断 故障查找及故障的确定 故障的处理	10 10 10
	质量 要求	1. 判断：主变压器的差动保护，除了作为变压器的主保护以外，它的保护范围还包括主变压器各侧差动电流互感器之间的一次电气部分，但是，主变压器的差动保护，还会因电流互感器及其二次回路的故障（包括电流互感器的开路和短路）以及直流系统的两点接地而发生误动作。因此，当差动保护动作后，需对动作原因进行判断 2. 检查：首先应观察主变压器套管、引线以及差动保护区内有无故障痕迹，经检查若未发现异常，则应检查直流回路是否两点接地、电流互感器二次侧是否开路或端子接触不良。在排除上述几种可能性之后，则可初步判断为变压器内部故障。此时，应对变压器本身进行各种试验及绝缘化验等，以便确定变压器内部故障的原因 3. 处理：如果变压器的差动保护动作，是由于引线的故障或电流互感器及其二次回路等原因造成的，则经处理后，变压器可继续投入运行；如确实为变压器内部故障，则应停止运行	
	得分 或 扣分	1. 对质量要求1判断不全扣1～10分，未判断无分 2. 对质量要求2检查不全扣1～10分，未检查无分 3. 对质量要求3处理不全扣1～10分，未处理无分	

288

5 试卷样例

中级用电检查员知识要求试卷

一、选择题（每题 2 分，共 26 分）

每题只有一个正确答案，将正确答案的序号填在括号内。

1. 在正弦交流纯电容电路中，电流（　　）。

（A）$I=U\omega C$；（B）$I=\dfrac{U}{\omega C}$；（C）$I=\dfrac{U}{\omega C}$；（D）$I=\dfrac{U}{C}$。

2. 断路器油用于（　　）。

（A）绝缘；（B）灭弧；（C）绝缘和灭弧；（D）冷却。

3. 变压器中性点接地属于（　　）。

（A）工作接地；（B）保护接地；（C）保护接零；（D）故障接地。

4. 变压器三相负载不对称时将出现（　　）电流。

（A）正序、负序、零序；（B）正序；（C）负序；（D）零序。

5. 为了保证用户电压质量，系统必须保证有足够的（　　）。

（A）有功容量；（B）无功容量；（C）电压；（D）电流。

6. 大电流接地系统中，任何一点发生接地时，零序电流等于通过故障点电流的（　　）。

（A）$\dfrac{1}{3}$ 倍；（B）1.5 倍；（C）2 倍；（D）2.5 倍。

7. 在 RL 串联的交流电路中，Z（复阻抗的模）为（　　）。

（A）$R+X$；（B）$(R+X)^2$；（C）$\sqrt{R^2+X^2}$；（D）R^2+X^2。

8. 三极管基极的作用是（　　）载流子。

（A）发射；（B）收集；（C）输出；（D）控制。

9. 在电容电路中，通过电容器的是（　　）。

（A）直流电流；（B）交流电流；（C）直流电压；（D）直流电动势。

10. 电力系统一般事故备用容量为系统最大负荷的（　　）。

（A）2%～5%；（B）3%～5%；（C）5%～8%；（D）5%～10%。

11. SF_6 气体在电弧作用下会产生（　　）。

（A）低氟化合物；（B）氟气；（C）气味；（D）氢气。

12. 变压器铜损（　　）铁损时最经济。

（A）小于；（B）等于；（C）大于；（D）不等于。

13. 35kV 电压互感器大修后在 20℃时的介质损失不应大于（　　）。

（A）2%；（B）2.5%；（C）3%；（D）3.5%。

二、判断题（每题 2 分，共 26 分）

将答案填入括号内，正确的用"√"表示，错误的用"×"表示。

1. 接地的中性点又叫零点。　　　　　　　　　　（　　）

2. 5Ω与 1Ω电阻串联，5Ω电阻大，电流不易通过，所以流过 1Ω电阻的电流大。　　　　　　　　　　　　　　　（　　）

3. 电容器储存的电量与电压的平方成正比。　　　（　　）

4. 判断直导体和线圈中电流产生的磁场方向，可以用右手螺旋定则。　　　　　　　　　　　　　　　　　　（　　）

5. 串联谐振也叫电压谐振。　　　　　　　　　　（　　）

6. 双绕组变压器的分接开关装设在高压侧。　　　（　　）

7. 误碰保护使断路器跳闸后，自动重合闸不动作。（　　）

8. 红灯亮表示跳闸回路完好。　　　　　　　　　（　　）

9. 在 SF_6 断路中,密度继电器指示的是 SF_6 气体的压力值。

　　　　　　　　　　　　　　　　　　　　　（　　）

10. 电源的频率和线圈匝数一定时，线圈的磁通和电压有效值成正比。　　　　　　　　　　　　　　　　　（　　）

11. 无载调压变压器可以在变压器空载运行时调整分接开

关。   （   ）

12. 三相交流电的母线 A 相用黄色，B 相用绿色，C 相用红色标志；直流的正极用赭色，负极用蓝色标志。 （   ）

13. 变压器油枕中的胶囊能起使空气与油隔离和调节内部油压的作用。   （   ）

三、简答题（每题 5 分，共 15 分）

1. 电力系统中的无功电源有几种？

2. 在直流电路中，电流的频率、电感的感抗、电容器的容抗各是多少？

3. 变压器缺油对运行有什么危害？

四、计算题（每题 5 分，共 15 分）

1. 将 220V、100W 的灯泡接在 220V 的电源上，允许电源电压波动±10%（即 242～198V），求最高电压和最低电压时灯泡的实际功率？

2. 有一个线圈，若将它接在 220V、50Hz 的交流电源上，测得通过线圈的电流为 2A，试求线圈的电感是多少？（电阻可以不计）

3. 某三相变压器的二次侧电压 400V、电流是 250A，已知功率因数 $\cos\varphi=0.866$，求这台变压器的有功功率 P、无功功率 Q 和视在功率 S 各是多少？

五、绘图题（每题 5 分，共 10 分）

1. 根据图 1 中电流方向及导线在磁场中的受力方向，标出 N、S 极。

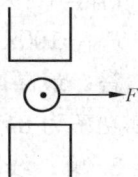

2. 画出两相式过流保护交流回路原理图。

六、论述题（8 分）

试述金属氧化物避雷器具有哪些优越的保护性能。

图 1

中级用电检查员技能要求试卷

一、正确使用钳型电流表（20 分）

二、拟定常用的几种核相方法（30分）

中级用电检查员知识要求试卷答案

一、选择题

1.（A）；2.（C）；3.（A）；4.（C）；5.（B）；6.（A）；7.（C）；
8.（D）；9.（B）；10.（D）；11.（A）；12.（B）；13.（C）。

二、判断题

1.（×）；2.（×）；3.（×）；4.（√）；5.（√）；6.（√）；7.（×）；
8.（√）；9.（×）；10.（√）；11.（×）；12.（√）；13.（√）。

三、简答题

1. 答：电力系统中的无功电源有：① 同步发电机；② 调相机；③ 并联补偿电容器；④ 串联补偿电容器；⑤ 静止补偿器。

2. 答：在直流电路中，电流的频率为零，电感的感抗为零，电容的容抗为无穷大。

3. 答：变压器油面过低会使气体（轻瓦斯）保护动作；严重缺油时，铁芯和绕组暴露在空气中容易受潮，并可能造成绝缘击穿。

四、计算题

1. 解：功率计算式为

$P=U^2/R$

$P_1/P_2=U_1^2/U_2^2$，得

$P_{max}=100×242^2/220^2=121$（W）

$P_{min}=100×198^2/220^2=81$（W）

答：最高电压时灯泡实际功率为 121W；最低电压时灯泡实际功率为 81W。

2. 解：线圈感抗

$X_L=U/I=220/2=110$（Ω）

线圈电感

$L=X_L/2πf=110/2×3.14×50=0.35$（H）

答：线圈的电感是 0.35H。

3. 解：按题意求解如下

$$P=\sqrt{3}\,UI\cos\varphi$$
$$=\sqrt{3}\times400\times250\times0.866=150\text{（kW）}$$
$$S=\sqrt{3}\,IU$$
$$=\sqrt{3}\times250\times400=173.2\text{（kVA）}$$
$$Q=\sqrt{3}\,UI\sin\varphi=\sqrt{S^2-P^2}$$
$$=\sqrt{(173.2)^2-150^2}=86.6\text{（kvar）}$$

答：有功功率 P 为 150kW，无功功率 Q 为 86.6kvar，视在功率 S 为 173.2kVA。

五、绘图题

1. 答：标出 N、S 极如图 2 所示。

2. 答：两相式过流保护交流回路原理图如图 3 所示。

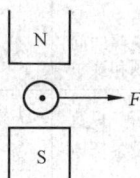

图 2

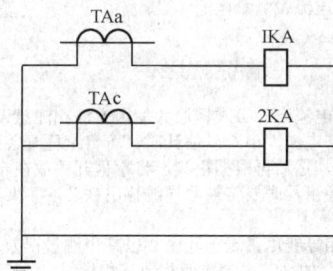

图 3

六、论述题

答：金属氧化物避雷器具有如下优越的保护性能。

（1）金属氧化物避雷器无串联间隙、工作快、伏安特性平坦、残压低、不产生截波。

（2）金属氧化物阀片允许通流能力大、体积小、质量小且结构简单。

（3）续流极小。

（4）伏安特性对称，对正极性、负极性过电压保护水平相同。

中级用电检查员技能要求试卷

一、答案

编　号	C43A013	行为领域	d	鉴定范围	2
考核时限	20min	题　型	A	题　分	20
试题正文	正确使用钳型电流表				
需　要说明的问题和要求	1. 独立完成 2. 带电作业，注意安全				
工具、材料、设备场地	1. 钳型电流表 2. 绝缘手套 3. 带电的相线和零线				

	序号	项　目　名　称	满分
评分标准	1 2 3 4 5	使用钳型电流表测量电流 量程 测量电流 读数 使用钳型电流表前必须精通其使用方法和注意事项（6条）： 　（1）被测电流大小难以估计时，可将量程开关放在最大位置上进行粗测，然后再根据粗测，将量程开关放在合适的量程上 　（2）转换量程时要将被测导线移出铁芯，不要在测量中直接切换 　（3）被测导线尽量置于孔中心以减少测量误差。测量时应一相一相地测，如铁芯中穿入两相或三相导线，则其读数不是算术和而是相量和。例如在对称电路，铁芯中穿入两相的读数等于一相电流的值，穿入三相的读数为零 　（4）在水平排列的裸母线上测量时，要戴绝缘手套，站在绝缘台上，并要防止钳口造成两相短路。测量时头部要和带电体保持安全距离 　（5）不能同时测量电流、电压、钳型电流 　（6）测量时铁芯钳口紧密闭合，如有振动噪声，应将钳口重新开合一次	2 4 4 4 6
	质量要求	将量程开关置于被测电流位置 被测电流穿入铁芯 正确读出测量电流值的大小	
	得分或扣分	1. 钳型电流表使用方法和注意事项错背、漏背、多背一条扣1分 2. 被测的电流大于电流量程扣4分 3. 误操作一次扣5分 4. 错误扣2分	

二、答案

编　号	C43B026	行为领域	e	鉴定范围	2
考核时限	30min	题　型	B	题　分	30
试题正文	拟定常用的几种核相方法				
需　要说明的问题和要求	1. 独立完成2. 两路电源供电的用户3. 注意安全				
工具、材料、设备场地	1. 提供两路电源供电的客户2. 核杆，电压表（万用表），白炽灯3. 自带工具4. 安全用具				

	序号	项　目　名　称	满分
	1	高压侧核相	3
	1.1	用核相杆	5
	1.2	用电压表	7
	2	低压侧核相	3
	2.1	利用低压母线	7
	2.2	利用白炽灯	5
评分标准	质量要求	常用的核相方法如下：1　在高压侧核相1.1　用核相杆直接在两个电源之间核对相位1.2　在两台三相电压互感器二次侧核相，用电压表先将两个电压互感器接一个电源定相，然后，将两个电压互感器分别接在两个电源上，用二次侧核对相位2　在低压侧核相2.1　对并列变压器，应在变压器低压侧核相。对于 0.4kV 低压母线可以直接使用电压表核对相位2.2　用白炽灯在两个电源之间核对相位	
	得分或扣分	1. 对质量要求 1 拟定可在高压侧核相得 3 分，否则不得分2. 对质量要求 1.1 拟定不全扣 1～5 分，不拟定此项目无分3. 对质量要求 1.2 拟定全得 7 分，仅拟定用电压表来指明在何处核相得 2 分，不拟定此项无分4. 对质量要求 2 拟定可在低压侧进行核相得 3 分，否则不得分5. 对质量要求 2.1 拟定不全扣 1～7 分，不拟定此项无分6. 对质量要求 2.2 拟定不全扣 1～5 分，不拟定此项无分	

6 组卷方案

6.1 理论知识考试组卷方案

技能鉴定理论知识试卷每卷不应少于五种题型，其题量为45～60题（试卷的题型与题量的分配，参照附表）。

附表　　　　试卷的题型与题量分配（组卷方案）表

题　型	鉴定工种等级		配　分	
	初级、中级	高级工、技师	初级、中级	高级工、技师
选　择	20题（1～2分/题）	20题（1～2分/题）	20～40	20～40
判　断	20题（1～2分/题）	20题（1～2分/题）	20～40	20～40
简答/计算	5题（6分/题）	5题（5分/题）	30	25
绘图/论述	1题（10分/题）	1题（5分/题）2题（10分/题）	10	15
总　计	45～55	47～60	100	100

高级技师的试卷，可根据实际情况参照技师试卷命题，综合性、论述性的内容比重加大。

6.2 技能操作考核方案

对于技能操作试卷，库内每一个工种的各技术等级下，应最少保证有5套试卷（考核方案），每套试卷应由2～3项典型操作或标准化作业组成，其选项内容互为补充，不得重复。

技能操作考核由实际操作与口试或技术答辩两项内容组成，初、中级工实际操作加口试进行，技术答辩一般只在高级工、技师、高级技师中进行，并根据实际情况确定其组织方式和答辩内容。